U0244377

超简单的Python人气讲师

为你讲解程序开发

［日］铃木孝纪　日本 BeProud 株式会社 / 著

未蓝文化 / 译

中国青年出版社

律师声明

主　　编　张　鹏
策划编辑　张　鹏
执行编辑　张　沨
营销编辑　时宇飞
责任编辑　于友杰
封面设计　刘　颖

侵权举报电话

全国"扫黄打非"工作小组办公室
010-65233456　65212870
http://www.shdf.gov.cn

中国青年出版社
010-59231565
E-mail: editor@cypmedia.com

版权登记号　01-2021-1921

图书在版编目（CIP）数据

超简单的Python: 人气讲师为你讲解程序开发 / （日）铃木孝纪，日本
BeProud株式会社著; 未蓝文化译. — 北京: 中国青年出版社，2022.1
ISBN 978-7-5153-6490-2

Ⅰ.①超… Ⅱ.①铃… ②日… ③未… Ⅲ.①软件工具-程序设计
Ⅳ.①TP311.561

中国版本图书馆CIP数据核字（2021）第151716号

超简单的Python——人气讲师为你讲解程序开发
[日] 铃木孝纪 日本BeProud株式会社/著　未蓝文化/译

出版发行　中国青年出版社
地　　址: 北京市东四十二条21号
邮政编码: 100708
电　　话: （010）59231565
传　　真: （010）59231381
企　　划: 北京中青雄狮数码传媒科技有限公司
印　　刷: 北京永诚印刷有限公司
开　　本: 880 x 1230　1/24
印　　张: 11.33
版　　次: 2022年1月北京第1版
印　　次: 2022年1月第1次印刷
书　　号: ISBN 978-7-5153-6490-2
定　　价: 89.80元

本书如有印装质量等问题，请与本社联系
电话: （010）59231565
读者来信: reader@cypmedia.com
投稿邮箱: author@cypmedia.com
如有其他问题请访问我们的网站: http://www.cypmedia.com

前　言

首先感谢您从众多Python入门书籍中选择《超简单的Python——人气讲师为你讲解程序开发》这本书。

本书主要面向没有编程经验的Python初学者，是作为初学者的辅助阅读读本。

目前我所属的公司以Python开发为中心，不仅有多年的开发经验，并且还提供了Python研修和PyQ的学习服务。公司在举办Python研修的过程中，发现了学员们都有共同的、不顺利的点。为了防止再次出现这种情况，本书在介绍顺序和内容上都做了精心的推敲。希望读者可以在动手编写程序的同时，学习Python的各个要点（PyQ也是同样的风格）。

本书的前半部分一边制作简单的示例程序，一边介绍Python的基础语法；后半部分通过pybot交互聊天工具的制作来介绍制作更高级程序的要点（函数、程序库、外部库）。pybot可以进行各种扩展，请尝试制作属于自己的聊天机器人。

Python的使用范围很广。在掌握了本书的基础知识后，还有很多需要我们学习的东西。在第10章中，我们介绍了关于Python学习的下一步信息。请参考这些信息，继续挑战新的领域吧。

本书是2017年8月发售的《最简单的Python教程》的修订版，Python的版本也从3.6.2更新到了3.8.3。由于Python具有良好的向后兼容性，所以本书不会有太大的改动。第2版的修订重点是采用格式化字符串（f-string），以及介绍Python 3.6以后的新功能。另外，本书也提供了样本代码。

最后，对给予本书各种意见和建议的中神肇、Yukie、大村龟子、大崎有依、田中文枝、斋藤努、降簱洋行、吉田花春表示感谢。

BePROUD股份有限公司　铃木高畑

本书阅读方法

本书为了让第一次接触的人不会感到困惑，使用了简单易懂的说明和大屏幕介绍了Python程序的写法。

明白"为什么而做"！

在浅色的页面上介绍了编写程序时必要的思考方式。在开始实际的步骤之前，需要充分理解其含义再进行相关操作。

标题
简单易懂地总结了课程的目的。

学习要点
介绍了阅读这个课程之后会怎么样，有什么样的帮助。

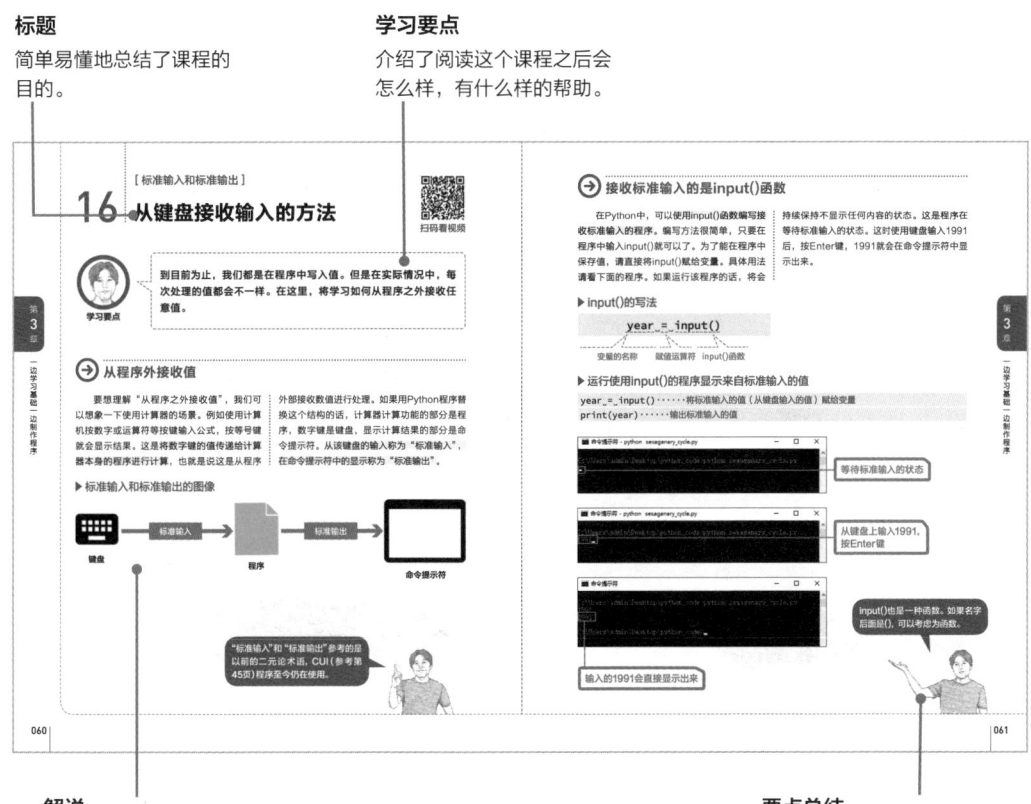

解说
通过画面和图解，对Python的重要思考方式进行了详细的解说。

要点总结
特别重要的部分，讲师会登场对内容进行确认和叮嘱。

明白 "怎么做" ！

在编程的实践部分，我将一一详细解说每一个步骤。中途可能会有迷惑的地方，没关系，在小贴士中会有补充说明，所以不用担心。

步骤
按号码顺序进行输入。输入时的要点使用红线来表示。另外，只输入部分内容时使用红字表示。

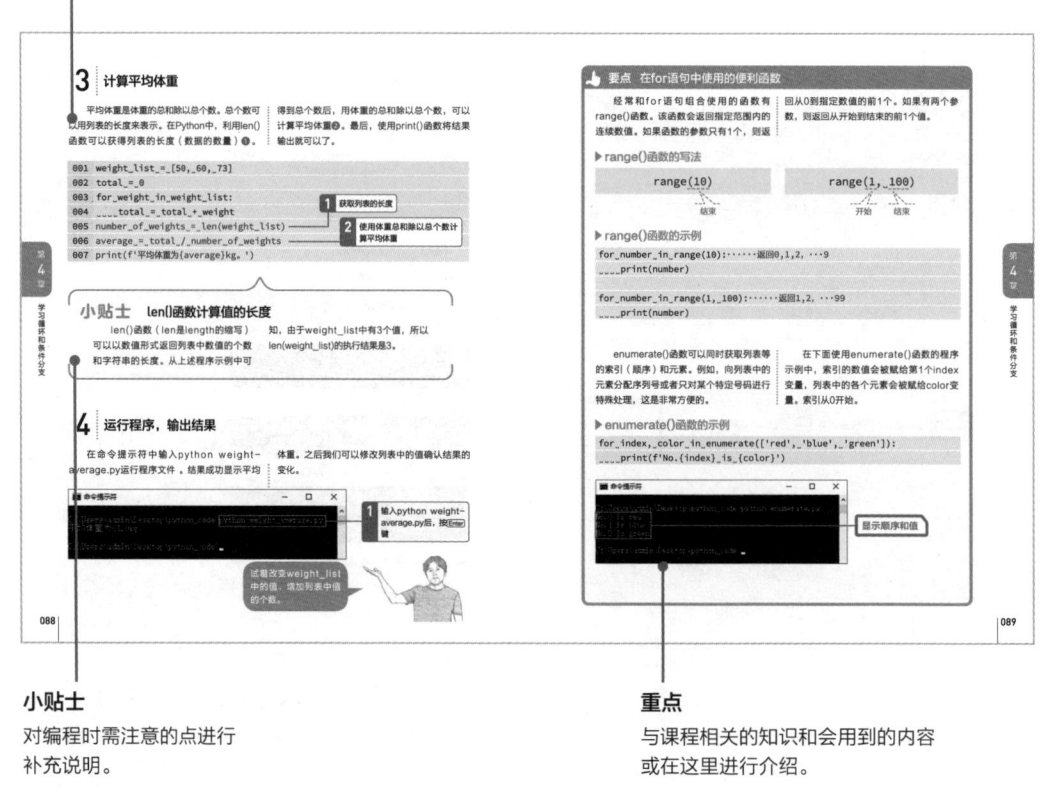

小贴士
对编程时需注意的点进行补充说明。

重点
与课程相关的知识和会用到的内容或在这里进行介绍。

目 录

第 **1** 章 **学习Python前的准备** 001

第**4**章 　学习循环和条件分支　083

第**5**章 　学习字典和文件操作　097

第 **6** 章 ｜ 制作对话bot 123

第 **7** 章 ｜ 熟练使用库 153

第 **8** 章 熟练使用第三方库 191

目录

第9章 创建Web应用程序 219

第10章 了解掌握知识的学习方法 251

第 **1** 章

学习Python
前的准备

在使用Python进行编程之前，我们需要了解Python的特性和版本之间的差异，然后安装Python和编辑器。

[程序和编程语言]

01 了解什么是编程

学习要点

Python是用来编写程序的一种编程语言。在讨论Python本身之前，我们先来了解一下编程到底是什么，以及为什么需要使用编程语言来编写程序。

➜ 编程是什么？

在计算机（PC）上执行动作的指令集合就是程序。编写的工作叫作编程。例如，在PC上执行"打开窗口"或"播放音乐"等操作时，后台也会运行程序。

用来描述各种程序的语言被称为编程语言。本书将要介绍的Python也是众多编程语言中的一种。

▶ 在计算机上做什么事情，一定会在后台执行程序

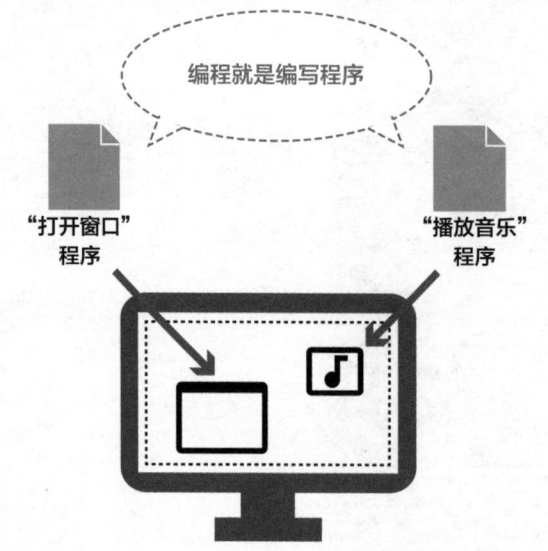

编程就是编写程序

"打开窗口"
程序

"播放音乐"
程序

通过本书学习Python编程，可以制作在PC上运行的程序。

➜ 需要学习编程语言的理由

在计算机的世界里，文字、动画、图像等所有的东西都要转换成0和1来解释。原本程序也必须使用0和1的组合来编写，叫作机器语言。但是使用0和1的组合对PC下达指令，对人类来说是非常困难的。因此，为了能让人类和PC都能理解，编程语言就诞生了。编程语言是计算机和人类交流的桥梁。

▶ 编程语言是沟通的桥梁

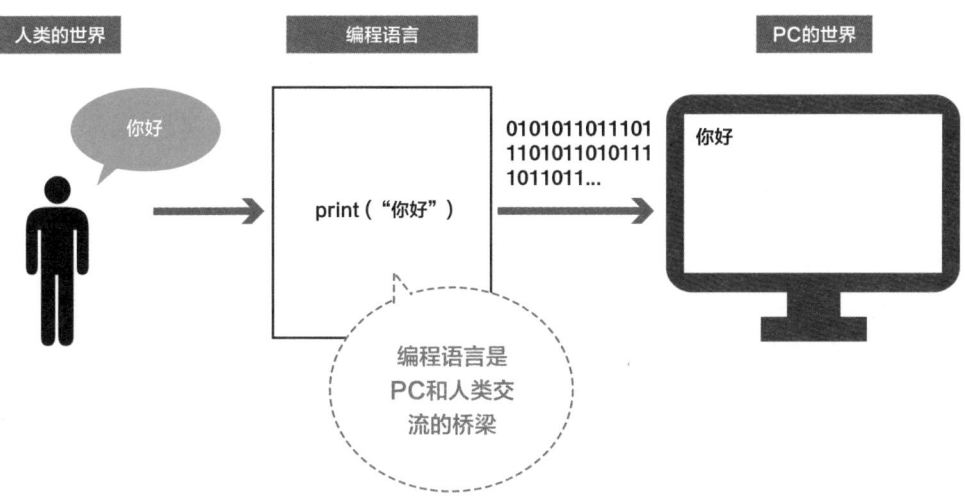

世界上也有用日语写的编程语言。除此之外，还有很多与机器语言相近的语言，以及像Python一样重视程序易读性的语言。试着查阅一下，说不定会发现一些有趣的语言哦。

👍 **要点** 为什么有那么多种编程语言？

我想初学者在开始学习编程的时候，会因为"应该学习哪种编程语言"而困惑。其实编程语言除了Python之外，还有很多种类，但是它们都有各自擅长的领域以及不同文化差异的用户群体等。首先学习一种编程语言（这里是Python）吧！这样的话，你就能学会"什么是编程"这种普遍的技能，以后在学习其他编程语言时也能很好地应用。

[OS和应用程序]

02 了解计算机是如何工作的

学习要点

在这一节中，我们将学习启动程序进行编程的环境——"计算机（PC）"的构造。请理解对PC的输入（鼠标、键盘的操作）和输出（画面显示）是如何进行的。

→ 计算机的运行机制

让我们来了解计算机是如何运转的吧。平时使用计算机进行工作时，大家应该会想到以下事情吧。这些动作是通过操作系统（OS）对输入/输出的操作进行解释，以及通过在后台执行的应用程序来实现。

▶ 在PC上进行操作的示例

- 在Web浏览器上显示Web网站，单击链接可查看其他网站。
- 使用文字处理和电子表格处理软件创建文档。
- 打开并编辑保存在文件夹中的图片。

▶ OS对PC的输入/输出进行解释

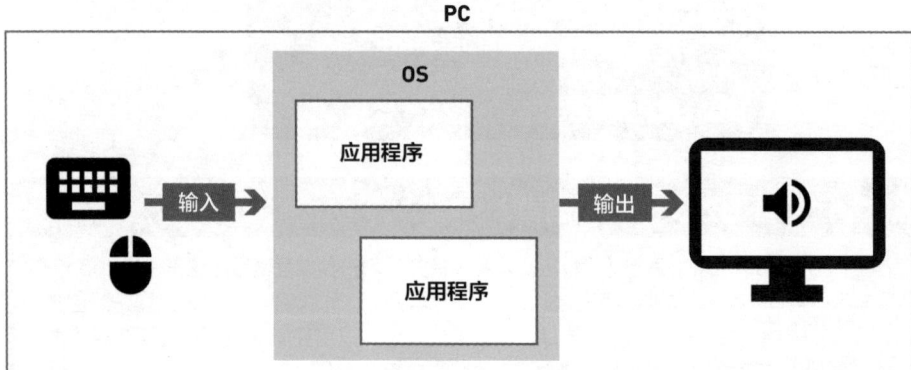

➔ OS的作用

OS简单来说就是引导输入输出进行正确操作的指挥塔。操作系统的种类有很多，PC中的Windows和macOS、智能手机中的Android和iOS是代表性的操作系统。通过OS对人类输入的命令进行适当的解释，那么从键盘输入的文字会显示在显示器上，也可以正确执行文件的输入/输出等操作。

▶ OS的作用示例

- OS是引导输入/输出正确操作的指挥塔。
- 正确地解释键盘、鼠标等输入操作，在显示器上显示结果。

➔ 应用程序

应用程序从OS接收输入的信息，执行相关操作并将结果返回到OS。也就是处理用户操作的程序。具有代表性的应用程序有Microsoft Word、Web浏览器（Microsoft Edge和Chrome等）、智能手机游戏等。例如Microsoft Word的工作是将输入的字符串显示在屏幕上，用鼠标选择字符串加上标题，保存文件。这些应用程序都是用某种编程语言编写的，其实程序就在我们身边。

▶ 应用程序的作用示例

- 应用程序与OS进行输入/输出的交互。
- 应用程序必须是用编程语言制作而成的。

▶ 计算机概要图

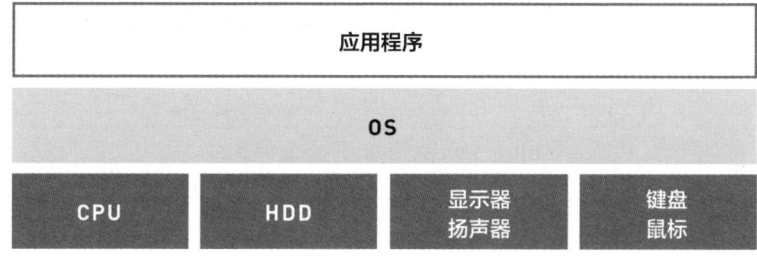

现在知道OS和编程语言的关系了吗? 刚开始可能会觉得很难，没关系的。

03 了解Python的特性和功能

学习要点

在这一节中，将讲解编程语言Python能做什么。为此，我将介绍Python的特性以及由Python制作的服务等示例。实际上，我们身边的很多地方都在使用Python。

→ Python是什么样的语言

Python是一种易读易写的编程语言，编程初学者会被推荐学习Python。但是，简单并不意味着Python能做的事情有限。例如，Web服务、在PC上运行的桌面应用、科学技术计算、机器学习等各种用途都使用了Python。此外，Python还有丰富的程序库（汇集了编写程序时的便利功能），可以高效地编写程序。

▶ Python的特征

· 简单易读的语法。
· 可用于多种开发用途。
· 拥有丰富的库。

▶ Python官网

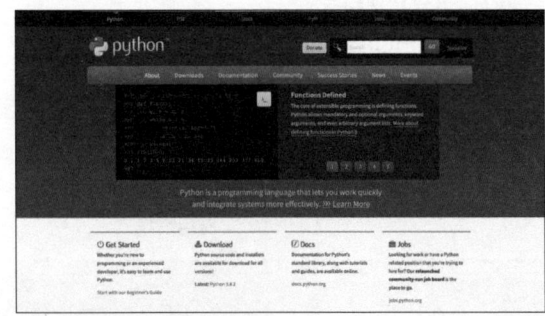

https://www.python.org

使用Python制作的服务和产品

　　下面介绍几个由Python制作而成的服务和应用程序。Spotify是一个正版流媒体音乐服务平台。Dropbox是PC和网络上共享文件的在线存储服务，PC上的应用程序是Python制作的。Netflix可以提供视频发送服务，服务器端的数据分析使用了Python。

▶ 服务示例

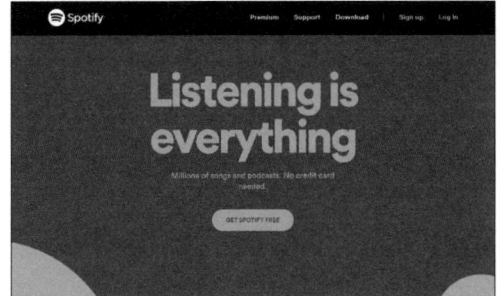

Spotify（流媒体音乐服务）

Dropbox（在线存储）

Netflix（视频服务）

> 从Web服务到客户端应用程序、数据分析，Python的用途非常广泛。

[Python的最新信息]

04 了解Python的最新功能

学习要点

Python自诞生以来已经过了很长一段时间，现在仍在继续开发中。下面将会介绍Python是以怎样的周期进行开发的。另外，本节虽然不会对Python进行详细的说明，但是会先介绍一下主要的新功能。

→ Python的发布周期

Python自1991年第1个版本0.9.0公开以来已经过去了将近30年，现在仍在继续开发中。目前Python 3系列的版本已经开发出来了，本书执笔时间（2020年6月）的最新版本是3.8.3。每一个小版本（3.8.3的8部分）都有新功能和改良，从版本3.9开始，每隔一年就会有新的小版本发布。

▶ Python的版本转换

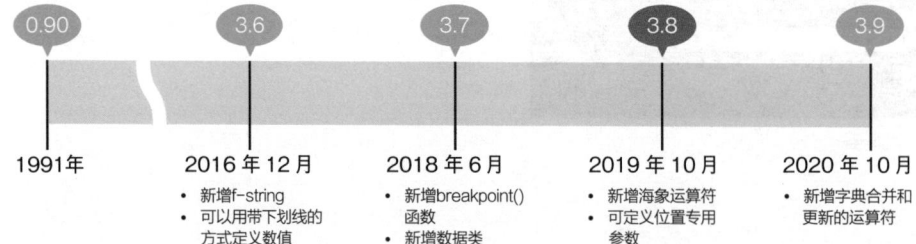

0.90	3.6	3.7	3.8	3.9
1991年	2016 年 12 月	2018 年 6 月	2019 年 10 月	2020 年 10 月
	• 新增f-string • 可以用带下划线的方式定义数值	• 新增breakpoint()函数 • 新增数据类	• 新增海象运算符 • 可定义位置专用参数	• 新增字典合并和更新的运算符

Python有着悠久的历史，现在也在持续不断地开发。快来使用便利的新功能吧。

→ Python 3.6以后主要的新功能

版本	说明/例子
3.6	在Python 3.6中增加了格式化字符串（f-string）。关于f-string，将在第23节中进行介绍 另外，可以用下划线定义大数值 ``` n1_=_1_000_000_000 ·····定义1000000000 print(n1) ```
3.7	在Python 3.7中增加了调试用的breakpoint()函数。 另外，增加了数据类，是便于书写保存数据的类别 ``` from_dataclasses_import_dataclass @dataclass ·····使用@dataclass声明数据类 class_Point: ____x:_float ____y:_float_=_0.0 p1_=_Point(1.1,_2.5) ·····生成Point(1.1, 2.5) p2_=_Point(1.5)·····生成Point(x=1.5, y=0.0) ```
3.8	在Python 3.8中增加了一个新的运算符（:=）。由于这个运算符很像海象的眼睛和牙齿，所以也被称为"海象运算符" 另外，可以在参数中定义位置专用参数（不能用关键字参数指定的参数） ``` a_=_[1,_2,_3,_4,_5,_6] if_(n_:=_len(a))_>_5:·····通过海象运算符获取列表长度 ____print(f'列表{n}太长了')····len()函数不被调用两次 def_func(a,_b,_/,_c):·····参数a, b是位置专用参数 ____pass func(a=1,_b=2,_c=3)·····发生错误 ```
3.9	预计在2020年10月发布的Python 3.9中，增加字典合并（|）和更新（|=）的运算符。 ``` d1_=_{'spam':_1} d2_=_{'eggs':_2} d1_|_d2·····返回{ 'spam': 1, 'eggs': 2} d2_|=_d1·····返回{ 'eggs': 2, 'spam': 1} ```

※最新的发布信息可以从下面的网站中确认。
https://docs.python.org/ja/3/whatsnew/

[编辑前的准备]

05 准备一个编写Python 程序的编辑器

扫码看视频

学习要点

准备一个文本编辑器来编写Python程序吧。只要在计算机上安装一个功能强大的文本编辑器，就能高效地编写Python程序。本书使用的是Atom文本编辑器。

→ 使用文本编辑器高效地编写程序

对于编写程序来说，文本编辑器是必不可少的工具。使用专门用于编写程序的文本编辑器，可以提高工作效率。例如，编辑器会指出程序中的错误，输入到一半会显示候补输入。

文本编辑器有多种类型，基本上使用哪种都可以。本书使用GitHub公开免费的Atom编辑器进行讲解。从下一页开始，按照步骤安装Atom吧。

▶ Atom的画面结构

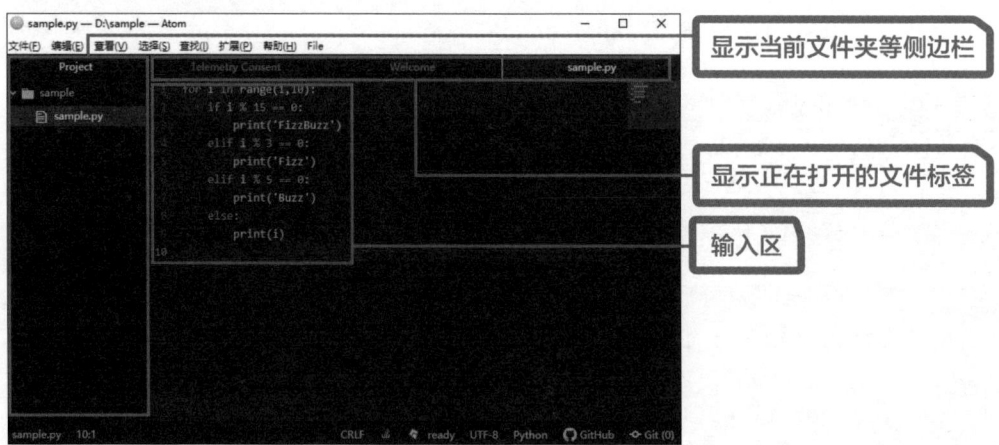

显示当前文件夹等侧边栏

显示正在打开的文件标签

输入区

⬤ 安装Atom（Windows篇）

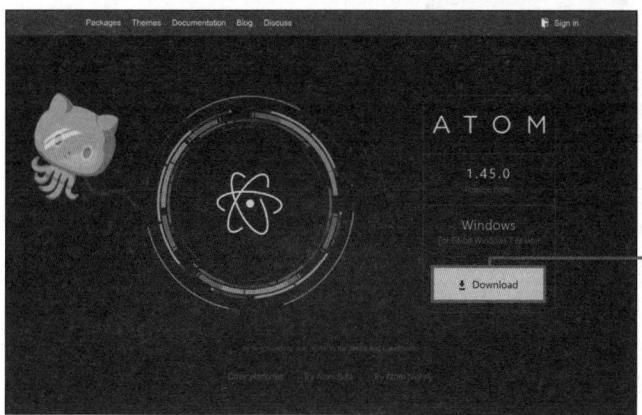

1 打开官网
下载

1 访问Atom页面
（https://atom.io）

2 单击Download按钮

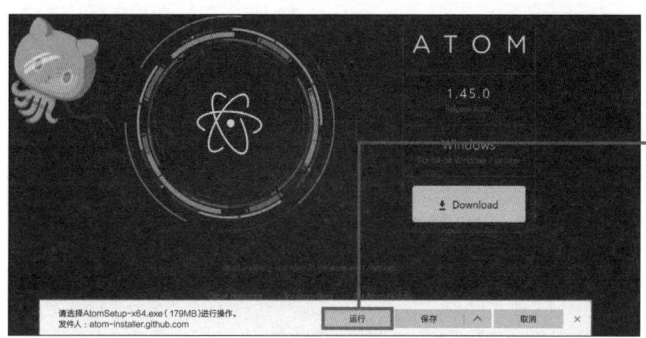

2 开始下载安装文件

1 查看下载进度

3 等待安装结束

自动开始安装

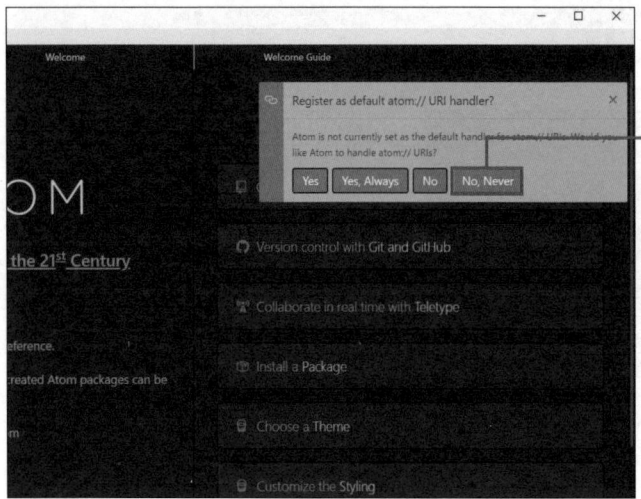

4 Atom自动启动

1 单击No, Never按钮

安装完成后，Atom会自动启动

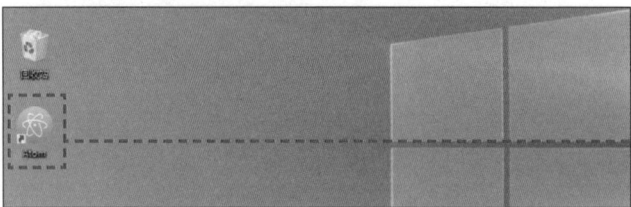

5 在桌面上创建快捷启动图标

想启动Atom时，使用桌面图标或开始菜单的选项

⬤ 安装Atom（macOS篇）

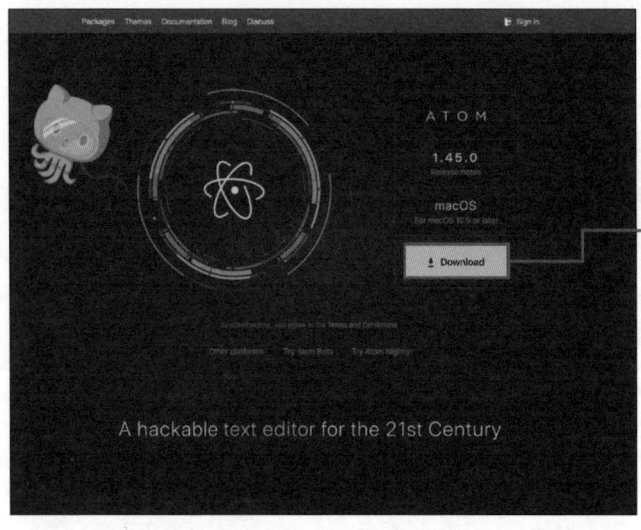

1 打开官网下载

1 访问Atom页面（https://atom.io）

2 单击Download按钮

下载atom-mac.zip

2 打开下载的文件

1 单击Download按钮

2 访问Atom页面
（https://atom.io）

3 安装Atom

1 使用Finder打开"下载"文件夹

2 拖动Atom到"应用程序"中，完成Atom的安装

4 登录Dock

1 将移动到"应用程序"中的Atom拖动到Dock中登录

想启动Atom时，单击Dock图标

● Atom汉化

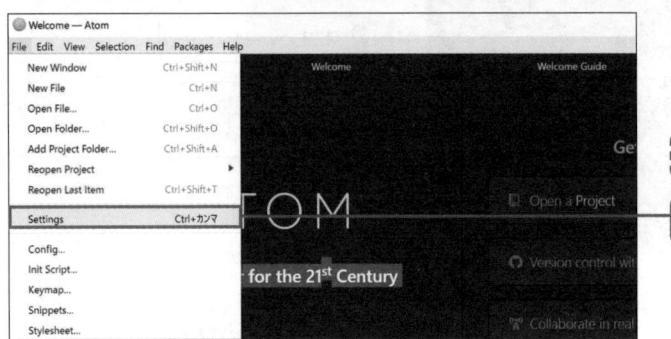

1 显示设置界面

预先启动Atom

1 选择File -> Settiings命令

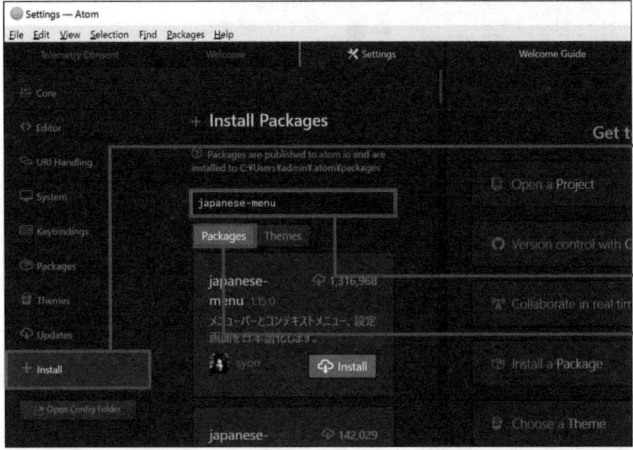

2 搜索软件包

1 选择Install选项

显示Install Packages界面

2 输入simplified-chinese-menu

3 单击Packages按钮

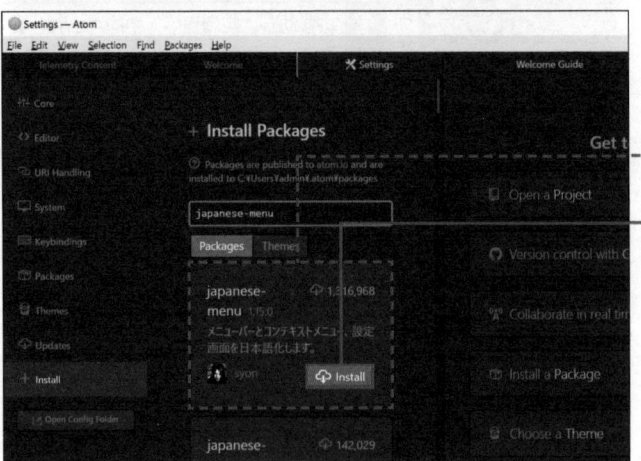

3 安装汉化软件

显示了simplified-chinese-menu

1 单击Install按钮

4 界面完全汉化

软件包安装完毕，界面各部分都被汉化了

要点　Atom推荐的软件包

　　强化Atom功能的程序被称为软件包，下面介绍几种使用Atom制作Python程序时推荐的软件包。

- **autocomplete-python：自动补充程序内容。**
- **linter-python：自动指出程序的错误。**
- **minimap：显示整个程序的预览信息。**

▶ minimap的使用示例

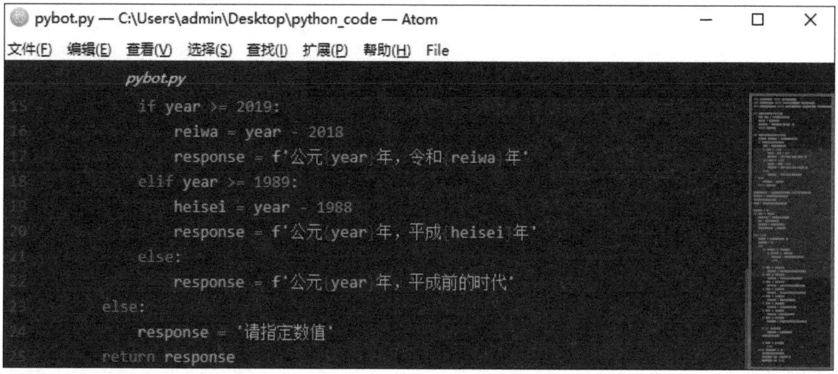

```
pybot.py — C:\Users\admin\Desktop\python_code — Atom          —     □     ×
文件(F)  编辑(E)  查看(V)  选择(S)  查找(I)  扩展(P)  帮助(H)  File

    pybot.py
15      if year >= 2019:
16          reiwa = year - 2018
17          response = f'公元 year 年，令和 reiwa 年'
18      elif year >= 1989:
19          heisei = year - 1988
20          response = f'公元 year 年，平成 heisei 年'
21      else:
22          response = f'公元 year 年，平成前的时代'
23      else:
24      response = '请指定数值'
    return response
```

在界面右侧显示程序的预览信息。

[Python的准备]

06 安装Python

扫码看视频

学习要点

编辑器已经准备好了，接下来可以将Python安装到自己的PC上了。Python有多种安装方法，这里使用Python官方网站上发布的安装教程进行安装。

● 安装Python（Windows篇）

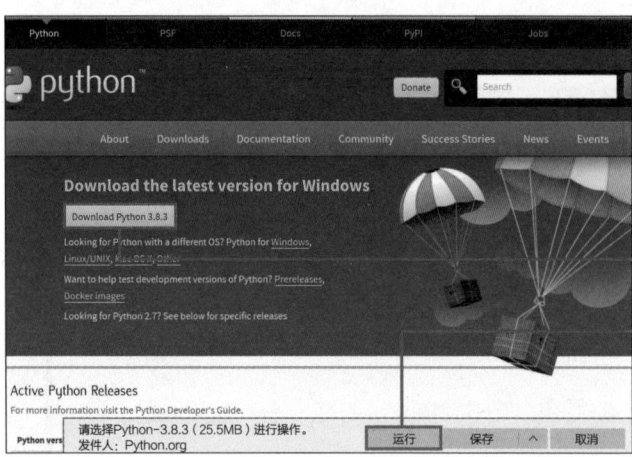

1 打开官方下载安装包

1 Python的下载页面（https://www.python.org/downloads/）

2 单击Download Python 3.8.3按钮（本书执笔时的版本）

3 单击"运行"按钮

※如果想下载64bit版的Python，请滚动页面，在Looking for a specific release? 下面单击Python 3.8.3的链接。在链接页面Files下面单击Windows x86-64 executable installer链接进行下载即可。

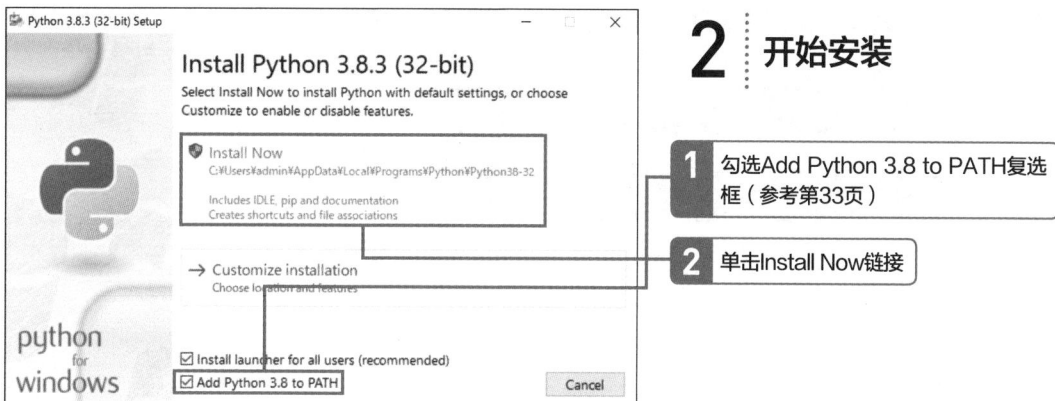

2 开始安装

1 勾选Add Python 3.8 to PATH复选框（参考第33页）

2 单击Install Now链接

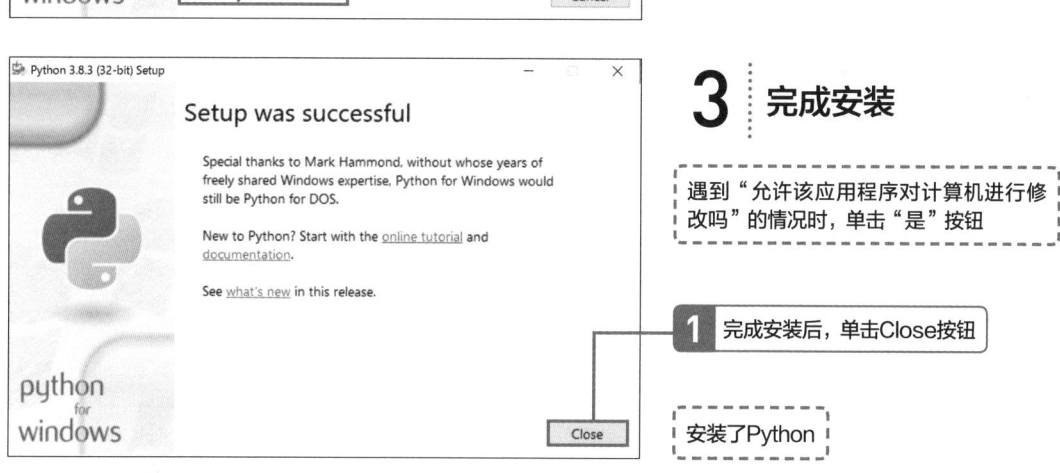

3 完成安装

遇到"允许该应用程序对计算机进行修改吗"的情况时，单击"是"按钮

1 完成安装后，单击Close按钮

安装了Python！

● 安装Python（macOS篇）

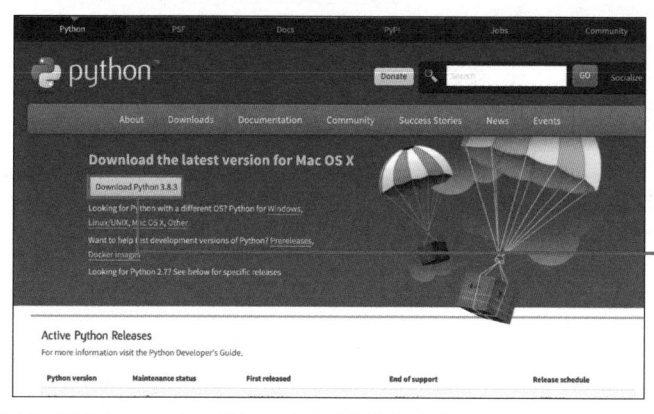

1 下载文件

1 Python的下载页面（https:// www. python.org/downloads/）

2 单击Download Python 3.8.3 按钮（本书执笔时的版本）

2 启动安装程序

1 单击Dock中的"下载"选项

2 选择下载的文件python-3.8.3 -macosx10.9.pkg

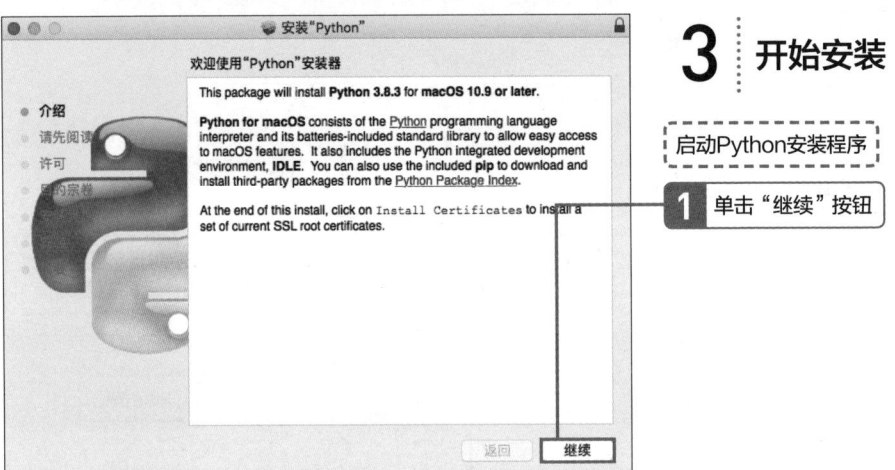

3 开始安装

启动Python安装程序

1 单击"继续"按钮

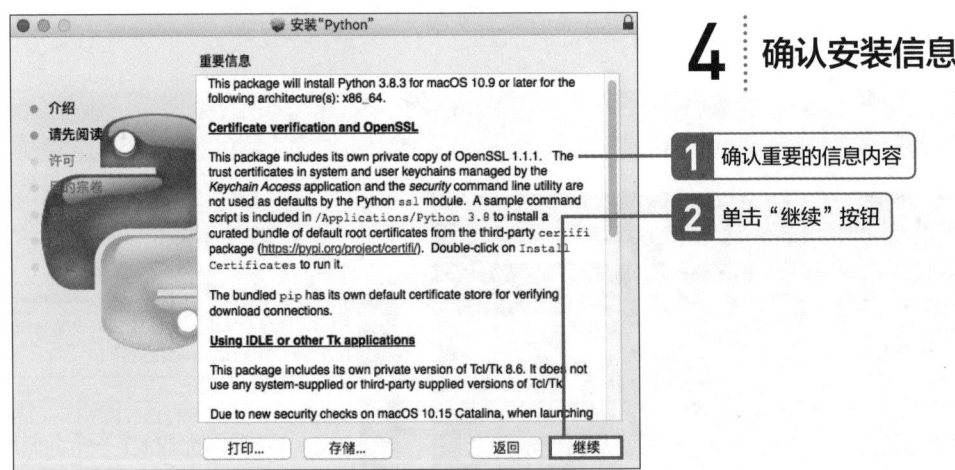

4 确认安装信息

1 确认重要的信息内容

2 单击"继续"按钮

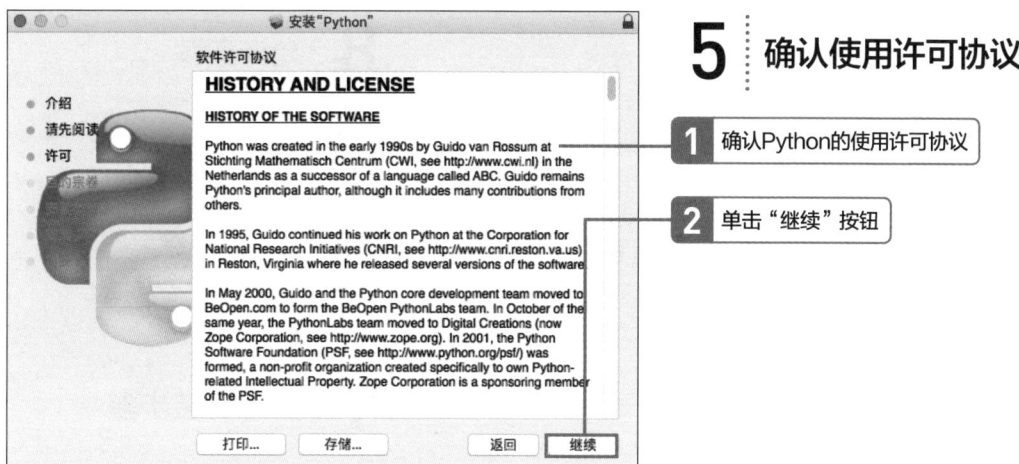

5 | 确认使用许可协议

1 确认Python的使用许可协议

2 单击"继续"按钮

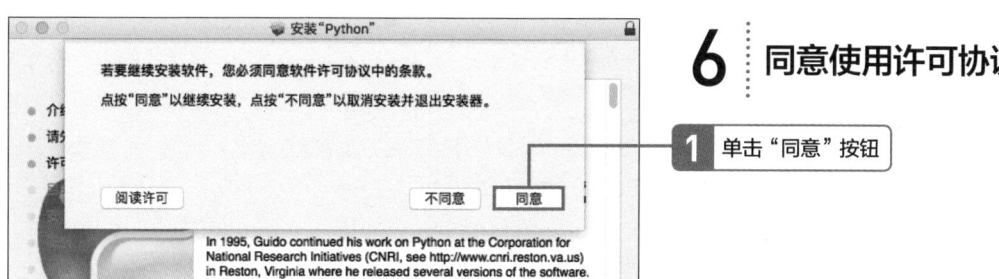

6 | 同意使用许可协议

1 单击"同意"按钮

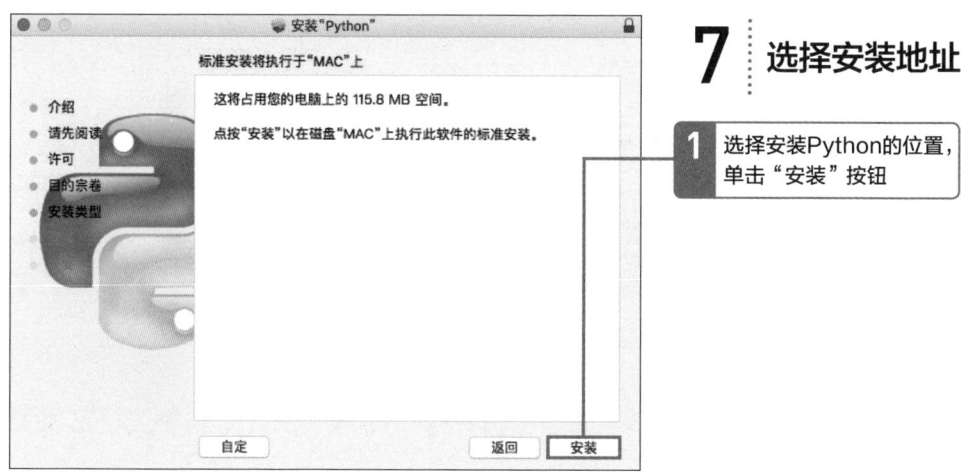

7 | 选择安装地址

1 选择安装Python的位置,单击"安装"按钮

8 允许安装

输入用户名和密码安装软件

1 单击"安装软件"按钮

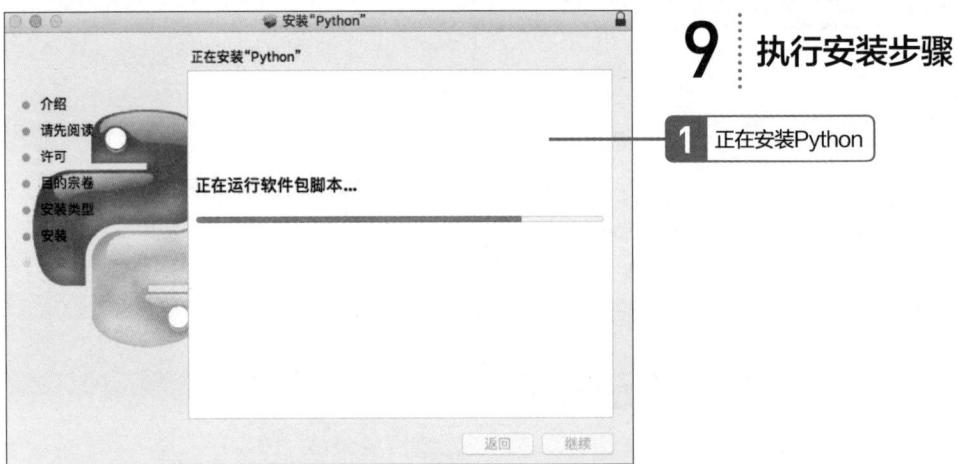

9 执行安装步骤

1 正在安装Python

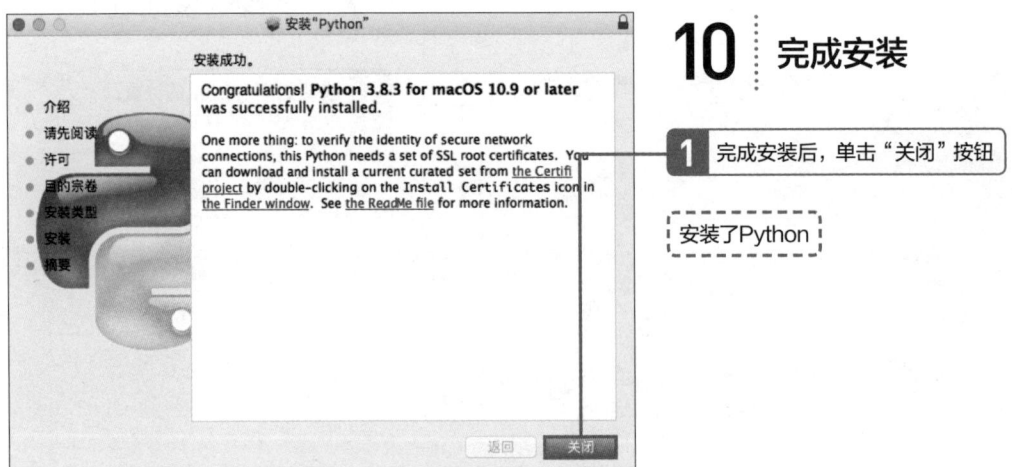

10 完成安装

1 完成安装后，单击"关闭"按钮

安装了Python

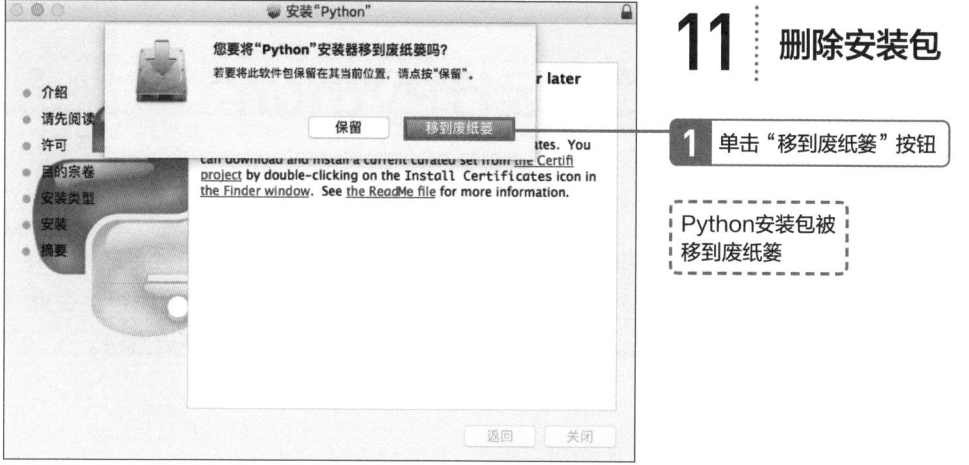

11 | 删除安装包

1 单击"移到废纸篓"按钮

Python安装包被
移到废纸篓

我们已经安装好Python，
可以开始准备编写Python
程序了。

要点 在Windows中安装Python时，勾选的Add Python 3.8 to PATH是什么？

在Windows中安装Python时，勾选了Add Python 3.8 to PATH复选框，这样就可以在命令提示符（参考第7节）中输入python时顺利启动Python。如果安装时没有勾选该复选框，则需要另外设置PATH。PATH是用于从命令提示符中调用命令位置的参数。通过添加PATH，就能从命令提示符中调出Python。选择Add Python 3.8 to PATH可自动进行该项设置。如果没有特别的情况，安装Python时，请勾选此复选框。如果是macOS版本的话会自动添加到PATH中，所以在macOS中没有问题。

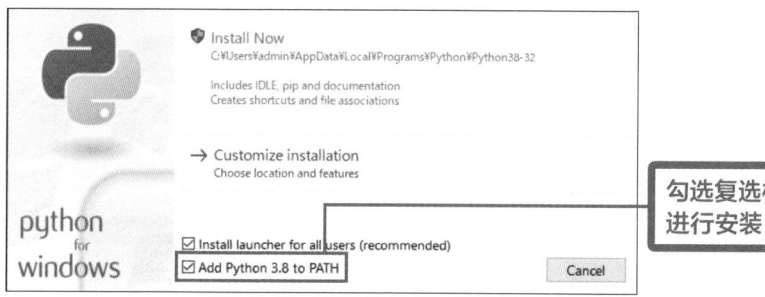

勾选复选框后
进行安装

[Python的交互模式]

07 在交互模式下运行Python

扫码看视频

学习要点

试着运行一个简单的Python程序吧。在Windows中运行Python需要从命令提示符开始，在macOS中需要从终端开始运行。在此我将介绍Python两种执行方式中的"交互模式"的使用方法。

→ 如何运行Python程序？

我们已经准备好Python的运行环境了。那么，该如何运行程序呢？Python可以在Windows、macOS、Linux等各种操作系统中以相同的方式运行。

在运行Python程序时，Windows使用命令提示符，macOS使用终端应用程序。

使用命令提示符运行Python有"交互模式"和"读取文件运行"两种方法。交互模式是一行一行地运行程序，用于确认动作等。真正制作程序时会读取文件中的程序并运行。在这节中将介绍交互模式的使用方法。在下一节中，我们将学习读取文件并运行的方法。

▶ 运行Python程序的两种方法

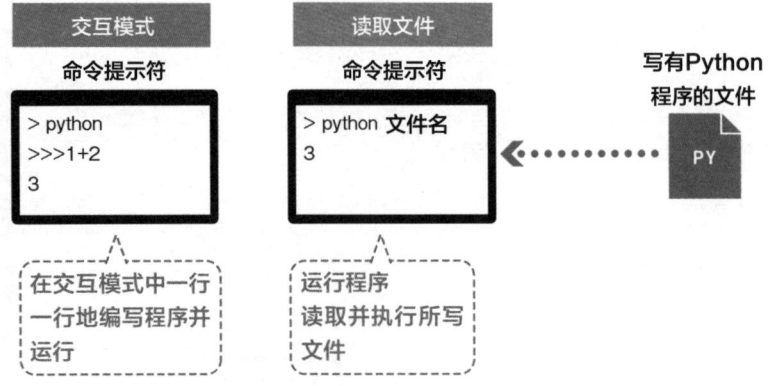

→ 命令提示符和终端

所谓命令提示符就是为了向OS传递命令的应用程序。

在命令提示符中，不使用鼠标或轨迹板来操作，而是通过键盘输入命令来操作。对于Python来说，没有桌面应用程序，而是需要在命令提示符中运行Python程序。另外，本书之后将沿用"命令提示符"的说法。

▶ Windows的命令提示符

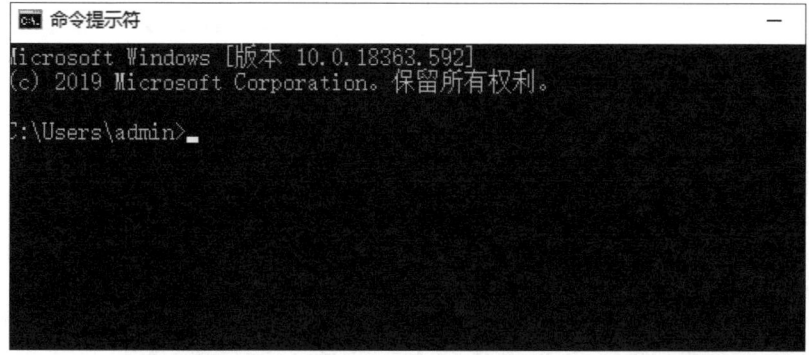

▶ macOS的终端

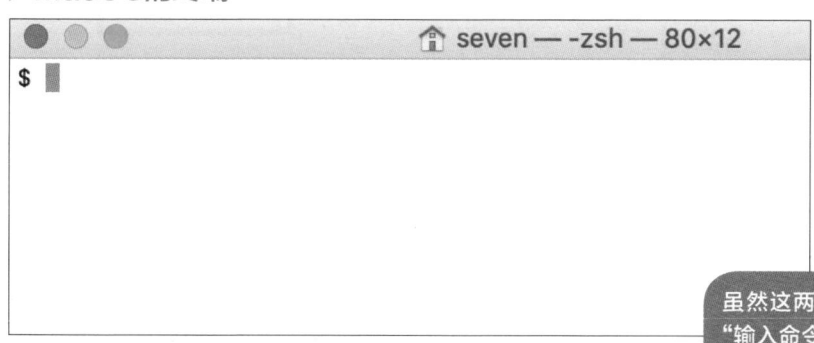

> 虽然这两者有细微的差别，但是"输入命令就会显示结果"这一基本使用方法是不变的。 开启Python的交互模式后，就完全一样了。

→ 交互模式

所谓交互模式是指可以依次执行程序的模式。例如，当你想尝试使用Python编写程序时，会经常用到它。要想使用Python的交互模式，需要在命令行输入python。之后会显示当前使用的Python版本和>>>提示符。在这种状态下输入Python的程序后，下一行就会显示运行结果。如果想要结束对话模式，输入quit()即可。

▶ 对话模式的开启和结束

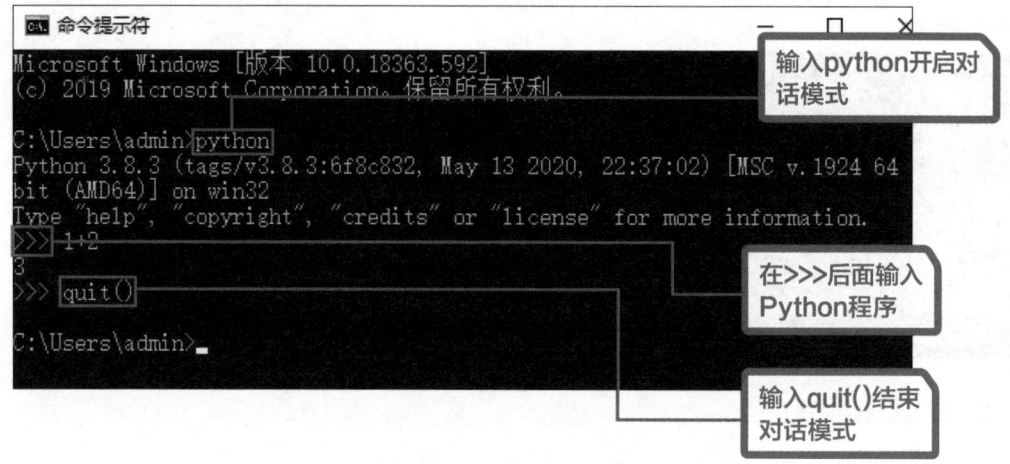

■ 命令提示符

```
Microsoft Windows [版本 10.0.18363.592]
(c) 2019 Microsoft Corporation。保留所有权利。

C:\Users\admin>python
Python 3.8.3 (tags/v3.8.3:6f8c832, May 13 2020, 22:37:02) [MSC v.1924 64
bit (AMD64)] on win32
Type "help", "copyright", "credits" or "license" for more information.
>>> 1+2
3
>>> quit()

C:\Users\admin>_
```

输入python开启对话模式

在>>>后面输入Python程序

输入quit()结束对话模式

交互模式可以非常方便地确认Python程序的每一步操作。在本书出现的程序中，如果有"这部分是如何实现的呢"的疑问，就打开交互模式确认一下吧。

在交互模式下运行Python程序（Windows篇）

1 启动命令提示符

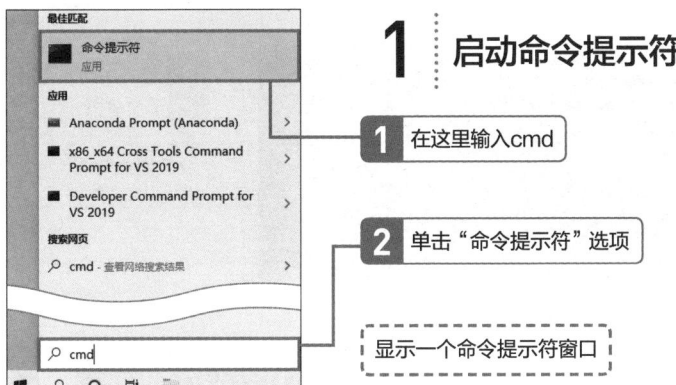

1 在这里输入cmd

2 单击"命令提示符"选项

显示一个命令提示符窗口

2 启动交互模式

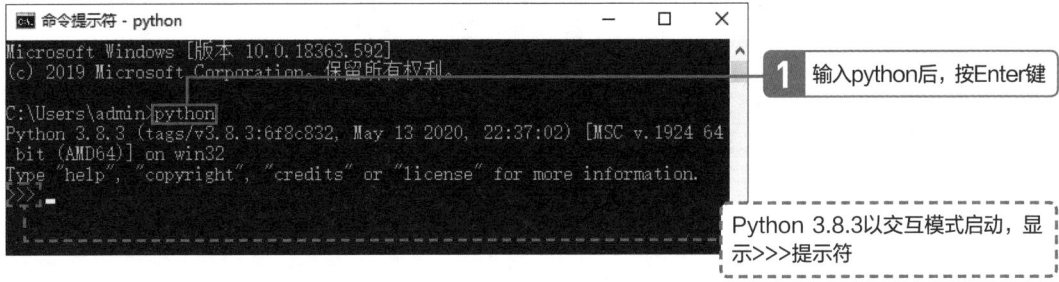

1 输入python后，按Enter键

Python 3.8.3以交互模式启动，显示>>>提示符

3 运行简单的Python程序

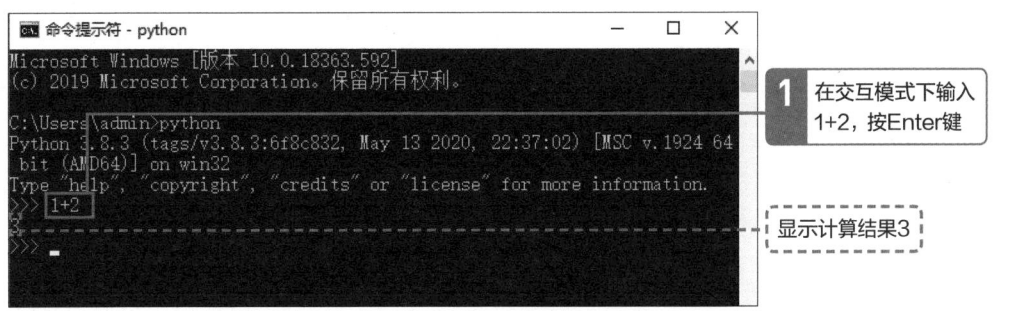

1 在交互模式下输入1+2，按Enter键

显示计算结果3

4 结束交互模式

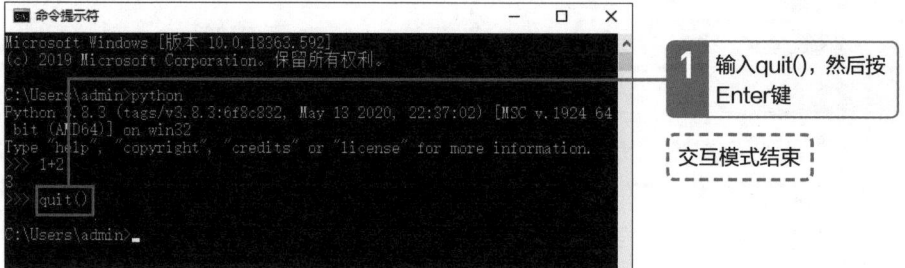

1 输入quit()，然后按
Enter键

交互模式结束

在交互模式下运行Python程序（macOS篇）

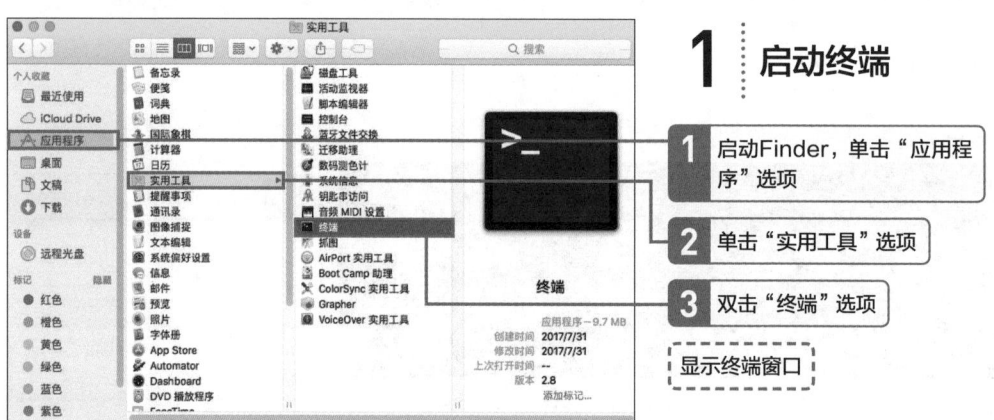

1 启动终端

1 启动Finder，单击"应用程序"选项

2 单击"实用工具"选项

3 双击"终端"选项

显示终端窗口

2 启动交互模式

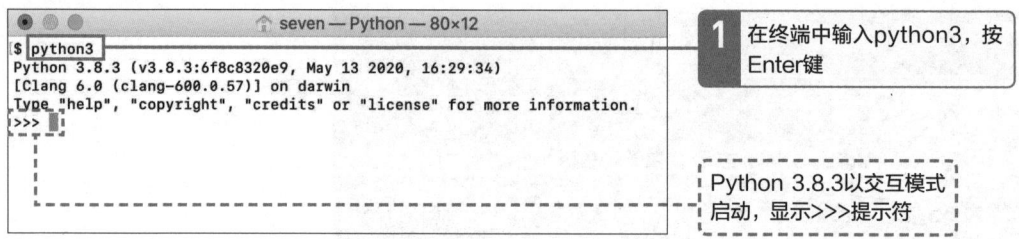

1 在终端中输入python3，按
Enter键

Python 3.8.3以交互模式
启动，显示>>>提示符

小贴士　macOS中指定python3

因为macOS中安装了旧版本的Python 2，所以在终端输入python就会执行 Python 2版本。因此，一定要输入 python3才可以。

3 | 运行一个简单的Python程序

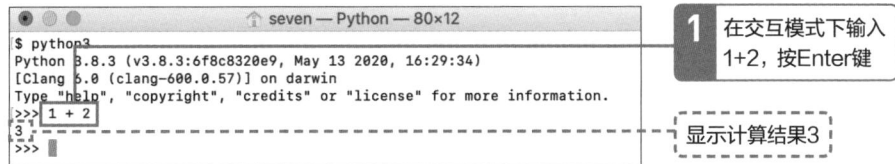

1 在交互模式下输入 1+2，按Enter键

显示计算结果3

4 | 结束交互模式

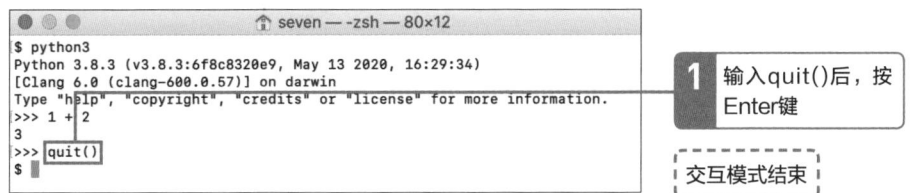

1 输入quit()后，按 Enter键

交互模式结束

现在我们已经可以运行使用Python 编写的程序了。在下一节中，我会介绍如何使用更实用的方式编写程序。

👍 要点　快速启动命令提示符和终端的方法

如果你觉得每次启动命令提示符或终端很麻烦的话，可以将其固定到任务栏或Dock中。在Windows中先启动命令提示符，然后在任务栏上右击命令提示符的图标，选择"固定到任务栏"命令即可。

在macOS中，先启动终端，然后右击Dock中的终端图标，选择"选项"–"在Dock中保留"即可。

[运行Python程序的准备工作]

08 运行文件中的Python程序

扫码看视频

学习要点

本节主要介绍在交互模式下如何在文件中编写和运行Python程序。实现这件事本身并没有那么难，但是如果没有指定程序文件放置的位置（文件夹），就无法顺利运行程序。

➔ 在文件中编写Python程序

在上一节中，我们已经在交互模式下运行了Python程序。但是，交互模式只是为了简单地运行Python程序来确认Python的功能。

在制作真正的Python程序时，首先需要将程序放入文件中，之后再使用Python运行程序，得到结果。

▶ 运行写在文件里的程序

sample.py

print(1+2)

>python sample.py

运行

结果

输出3

写有Python
程序的文件

在命令提示符中
指定文件并运行

关于文件的运行方式，
将在第2章中详细说明。

扩展名表示文件类型

文件附有扩展名。扩展名是在文件末尾用.（句点）和3个左右的字符表示的符号。OS会根据扩展名来判断文件的类型。

在Windows和macOS的初始设置中，扩展名可能会被隐藏，不过基本上所有的文件都有扩展名。在下一页会说明扩展名的显示方法。

Python程序文件的扩展名为.py。

▶ Python的扩展名

sample .py

Python专用的扩展名

▶ 其他的扩展名

- **sample.docx** ⟶ Microsoft Word的扩展名
- **sample.pdf** ⟶ pdf专用的扩展名
- **sample.png** ⟶ 图片文件扩展名
  ⋮

注意存放Python程序的位置！

为了使用Python这个命令执行文件，必须指定存放Python程序文件的位置。

例如，在下面的文件夹结构中，为了执行sample.py文件，需要在命令提示符中执行cd C:\User\admin\Desktop\python_code，

进入sample.py所在的文件夹中。如果在其他文件夹中运行python sample.py，由于找不到指定的路径，则会出现[Errno 2] No such file or directory的错误提示信息。

▶ 移动到程序文件所在的位置

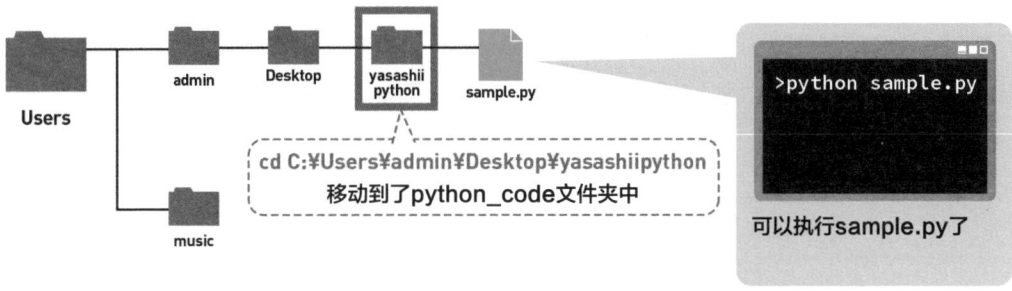

```
>python sample.py
```

可以执行sample.py了

cd C:\Users\admin\Desktop\yasashiipython
移动到了python_code文件夹中

显示扩展名（Windows篇）

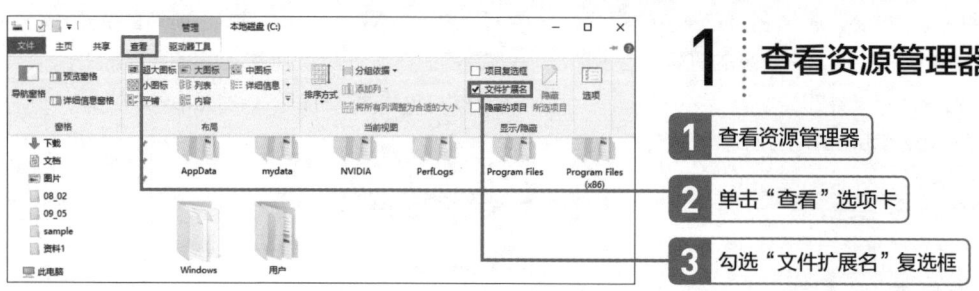

1 查看资源管理器

1 查看资源管理器

2 单击"查看"选项卡

3 勾选"文件扩展名"复选框

显示扩展名（macOS篇）

1 显示Finder菜单

1 单击Finder中的"偏好设置"选项

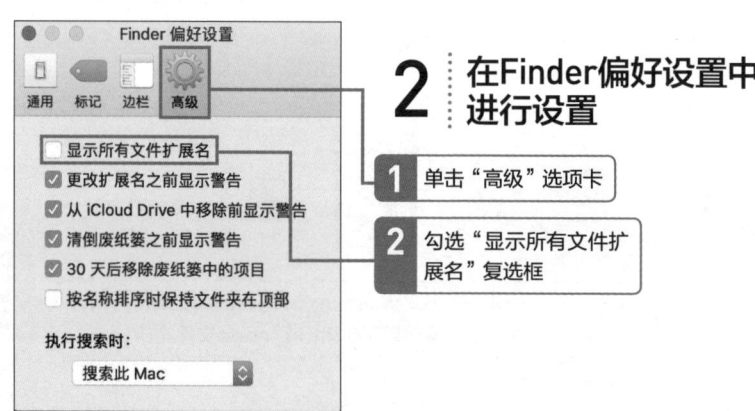

2 在Finder偏好设置中进行设置

1 单击"高级"选项卡

2 勾选"显示所有文件扩展名"复选框

显示扩展名可以让你更容易分辨Python的程序文件（扩展名是.py）。在下一章中，我们将真正通过文件运行程序。

第2章

熟悉命令提示符

我们从第3章以后会使用 Windows的命令提示符和 macOS 的 终 端 来 运 行 Python程序。在本章中, 我们将学习一些基本的使用 方法。

[命令提示符]

09 回顾命令提示符

扫码看视频

学习要点

在第1章中介绍的命令提示符是通过字符串命令来执行平时需要用鼠标进行文件操作的应用程序。因为它会贯穿本书，所以在本章中掌握一些命令提示符的基本使用方法吧。

➜ 通过命令对PC进行操作

平时我们在PC上使用鼠标执行"打开文件""从A文件夹移动到B文件夹"等操作。这些操作即使不用鼠标也可以通过字符串命令对PC进行操作来实现。

接下来，跟着书中的内容一起制作Python程序吧。学习"用Python执行程序"的命令，也将使用该命令（操作PC的命令）来执行相关程序。

▶ 图形界面和命令行界面操作的区别

单击鼠标查看或打开文件

GUI

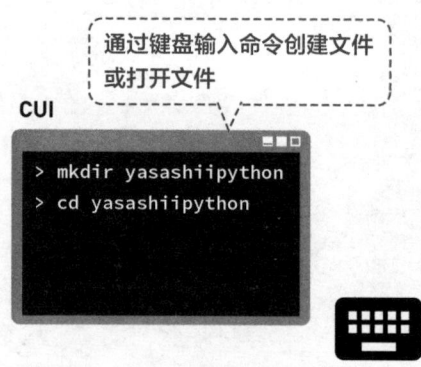

通过键盘输入命令创建文件或打开文件

CUI

```
> mkdir yasashiipython
> cd yasashiipython
```

使用命令提示符向PC发送命令

为了向PC传递命令，可以使用命令提示符（macOS中的终端）这个应用程序。你可能经常在电影中看到有人在黑乎乎的屏幕上输入字符，那个漆黑的屏幕就是命令提示符。

你可以在这个屏幕上输入字符串（命令）、创建文件、运行Python程序。

▶ 在命令提示符中输入命令的示例

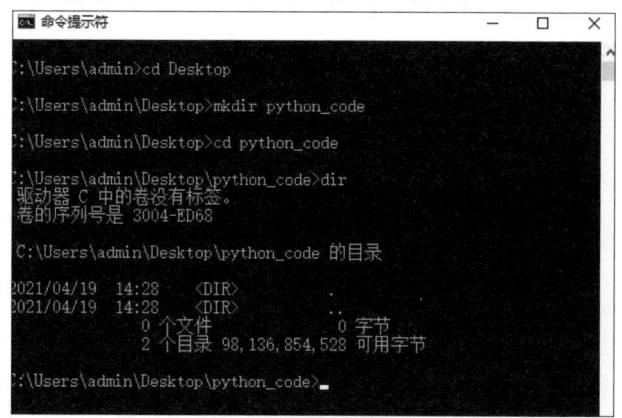

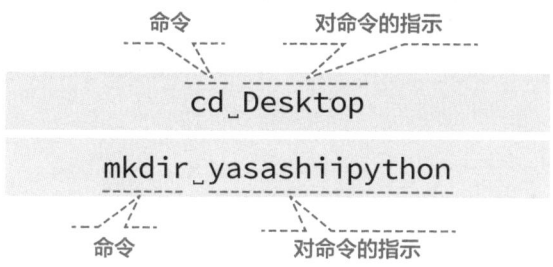

```
cd Desktop
```
命令　　对命令的指示

```
mkdir yasashiipython
```
命令　　对命令的指示

刚开始可能会觉得莫名其妙，但这是学习Python编程所必需的知识。经常使用，慢慢习惯吧。

👍 要点　了解GUI和CUI

像资源管理器和Finder那样用鼠标操作的方法叫作GUI，像命令提示符和终端那样用命令操作的方法叫作CUI。这两者分别是Graphical User Interface和Character User Interface的缩写。由于以前的PC无法在屏幕上显示图像，所以CUI成为主流。如果习惯CUI的这种操作方式，速度会比GUI快。因此，现在很多程序开发人员都在使用CUI。

[cd命令]
10 使用命令提示符移动要操作的文件夹

扫码看视频

学习要点

我们用鼠标操作文件夹的时候可能不会太在意文件夹的结构，但是用命令提示符操作的时候有必要正确理解文件夹的结构。在这里，将对文件夹的结构和在命令提示符中移动"当前文件夹"的cd命令进行介绍。

文件夹的结构和当前文件夹

文件夹就像是你在计算机中存放文件的房间。

文件夹是像树枝一样的层级结构。在层级结构中，位于上层的文件夹被称为"父文件夹"，位于下层的文件夹被称为"子文件夹"，当前操作对象的文件夹被称为"当前文件夹"。

在Windows中启动命令提示符时，当前文件夹默认是用户名，即C:\Users\用户名，在macOS中为/Users/用户名。在命令提示符中输入查看和执行命令时，必须明确当前文件夹的位置。

▶ **文件夹概要图**

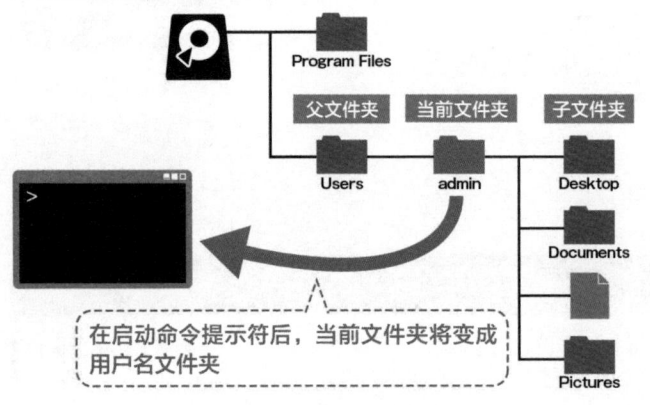

本书所用的用户名是admin，但是在你的PC上应该是自己的用户名。

➔ 移动当前文件夹的命令

为了运行Python程序，我们需要移动到放置程序文件的文件夹中。

使用cd命令可以移动文件夹的层级。cd是 Change Directory（更改目录）的缩写。由于OS的不同，文件夹有时也被称为"目录"。cd命令用于指定想要移动的文件夹。

▶ cd命令

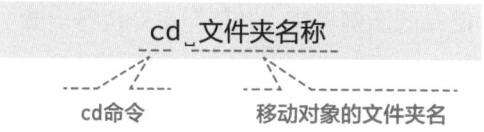

cd 文件夹名称

cd命令　　　　　移动对象的文件夹名

cd命令和切换资源管理器中显示的文件夹的命令是一样的，并不是把文件夹移动到其他地方。

▶ cd命令

当前文件夹是C:\Users\admin

```
命令提示符
Microsoft Windows [版本 10.0.18363.592]
(c) 2019 Microsoft Corporation. 保留所有权利。

C:\Users\admin>cd Desktop

C:\Users\admin\Desktop>_
```

使用cd命令移动到Desktop文件夹中

当前文件夹变成C:\Users\admin\Desktop

➔ 相对路径和绝对路径

路径是表示特定文件夹位置的字符串。路径分为"相对路径"和"绝对路径"。相对路径表示从当前文件夹到目标文件夹和文件的位置。绝对路径表示从最上层文件夹开始的位置。

想要移动到父文件夹，可以在相对路径中输入cd..。上一层使用..\表示（masOS中是../），每次层数会像..\..\这样增加。

▶ 相对路径的移动

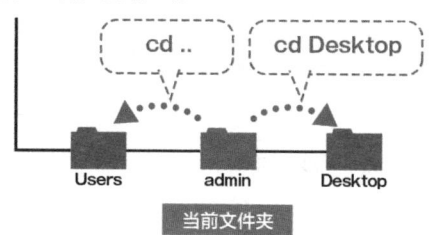

cd ..　　　　cd Desktop

Users　　admin　　Desktop

当前文件夹

扫码看视频

11

[dir、ls、mkdir命令]

学习操作文件和文件夹的基本命令

学习要点

在这一节中，我们来学习更改文件和文件夹经常使用的命令吧。之后还会使用Atom创建一个简单的示例程序，并使用命令执行。请一边阅读说明一边尝试着做吧。

→ dir命令（Windows）/ ls命令（macOS）

　　在Windows中，使用dir命令查看文件夹中的文件和文件夹列表。dir命令会显示该文件夹中存在的文件和文件夹列表。经常显示的.和..是特殊文件夹，它们分别表示当前文件夹和父文件夹。

　　在下面的示例中，可以看到C:\Users\admin\ Desktop\python_code文件夹中有一个名为sample.py的文件。

　　另外，在macOS中使用ls命令而不是dir命令。

▶ dir命令

```
dir
```
dir命令

▶ ls命令

```
ls
```
ls命令

▶ dir命令的执行示例

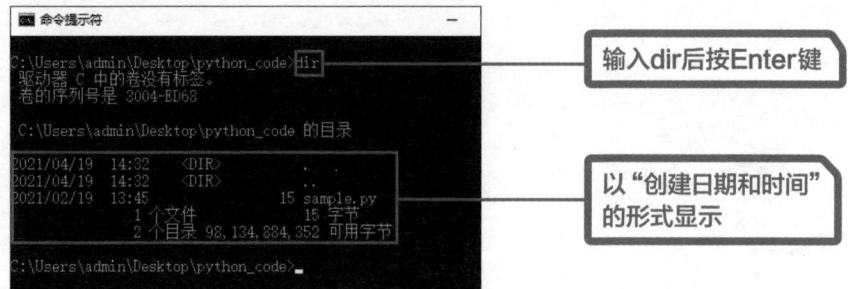

输入dir后按Enter键

以"创建日期和时间"的形式显示

➔ 制作新文件夹

mkdir命令是创建文件夹时使用的命令。在Windows和macOS中输入"mkdir 文件夹名称"即可创建一个新的文件夹。如果目标文件夹中已经存在同名的文件夹，则会显示"子目录或文件已经存在"的信息。在下面的示例中，在Desktop文件夹中创建了一个名为python_code的文件夹，然后用cd命令移动到创建的文件夹中。

▶ mkdir命令

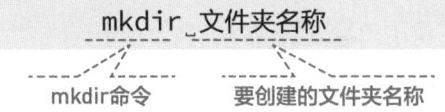

mkdir 文件夹名称

mkdir命令　　　要创建的文件夹名称

▶ mkdir命令的执行示例

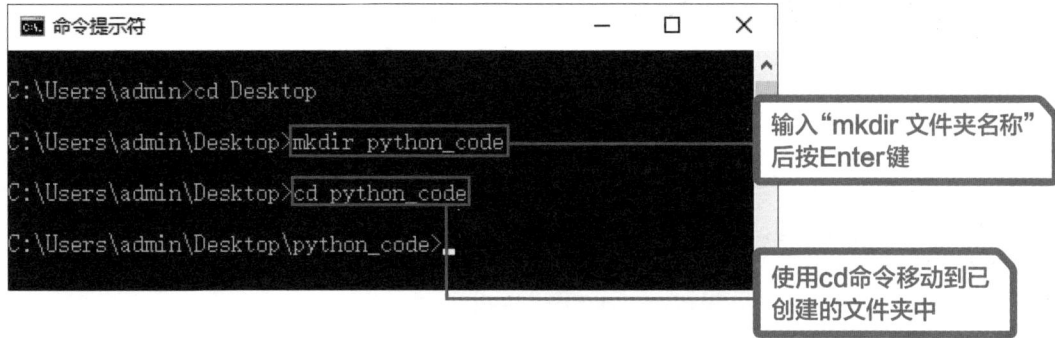

```
命令提示符                             —    □    ×
C:\Users\admin>cd Desktop
C:\Users\admin\Desktop>mkdir python_code
C:\Users\admin\Desktop>cd python_code
C:\Users\admin\Desktop\python_code>_
```

输入"mkdir 文件夹名称"后按Enter键

使用cd命令移动到已创建的文件夹中

我们也可以通过资源管理器或Finder制作文件夹。无论是CUI还是GUI，制作结果都是相同的。

👍 要点　使用历史记录快速输入命令

在命令提示符中，会将输入的一定数量的命令保存为历史记录。输入↑键后，会显示过去输入的命令。当我们需要重复执行相同或相似的命令时，这样操作会十分方便。

⬤ 创建文件夹并移动到此位置（Windows篇）

1 创建文件夹

输入cd命令，移动到Desktop文件夹中。

然后输入mkdir命令，创建一个名为python_code的文件夹。这样，在Windows的桌面上就

会创建python_code文件夹。最后，使用cd命令移动到创建好的文件夹内。

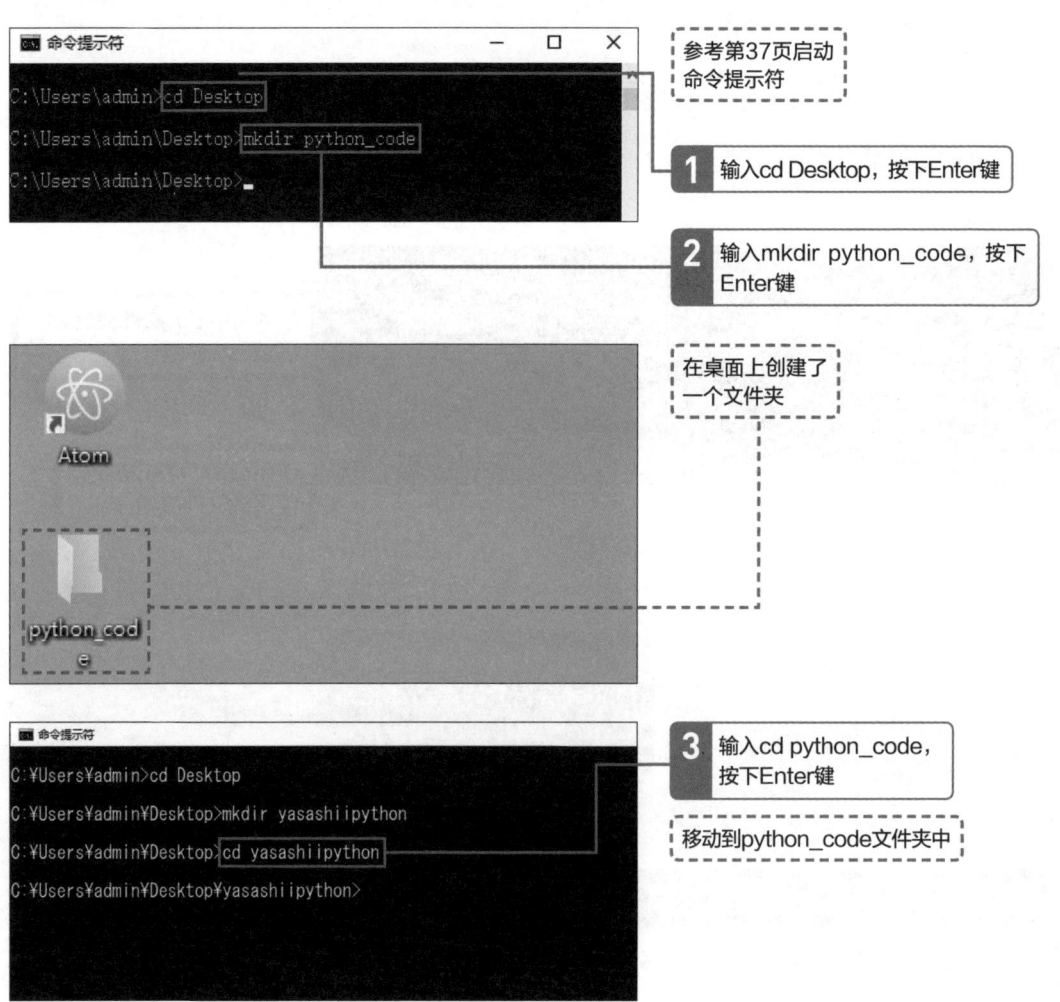

参考第37页启动命令提示符

1 输入cd Desktop，按下Enter键

2 输入mkdir python_code，按下Enter键

在桌面上创建了一个文件夹

3 输入cd python_code，按下Enter键

移动到python_code文件夹中

创建文件夹并移动到此位置（macOS篇）

1 创建文件夹

输入cd命令，移动到Desktop文件夹中。然后输入mkdir命令，创建一个名为yasashiipython的文件夹。这样，在macOS的桌面上就会

创建yasashiipython文件夹。最后，使用cd命令移动到创建好的文件夹内。

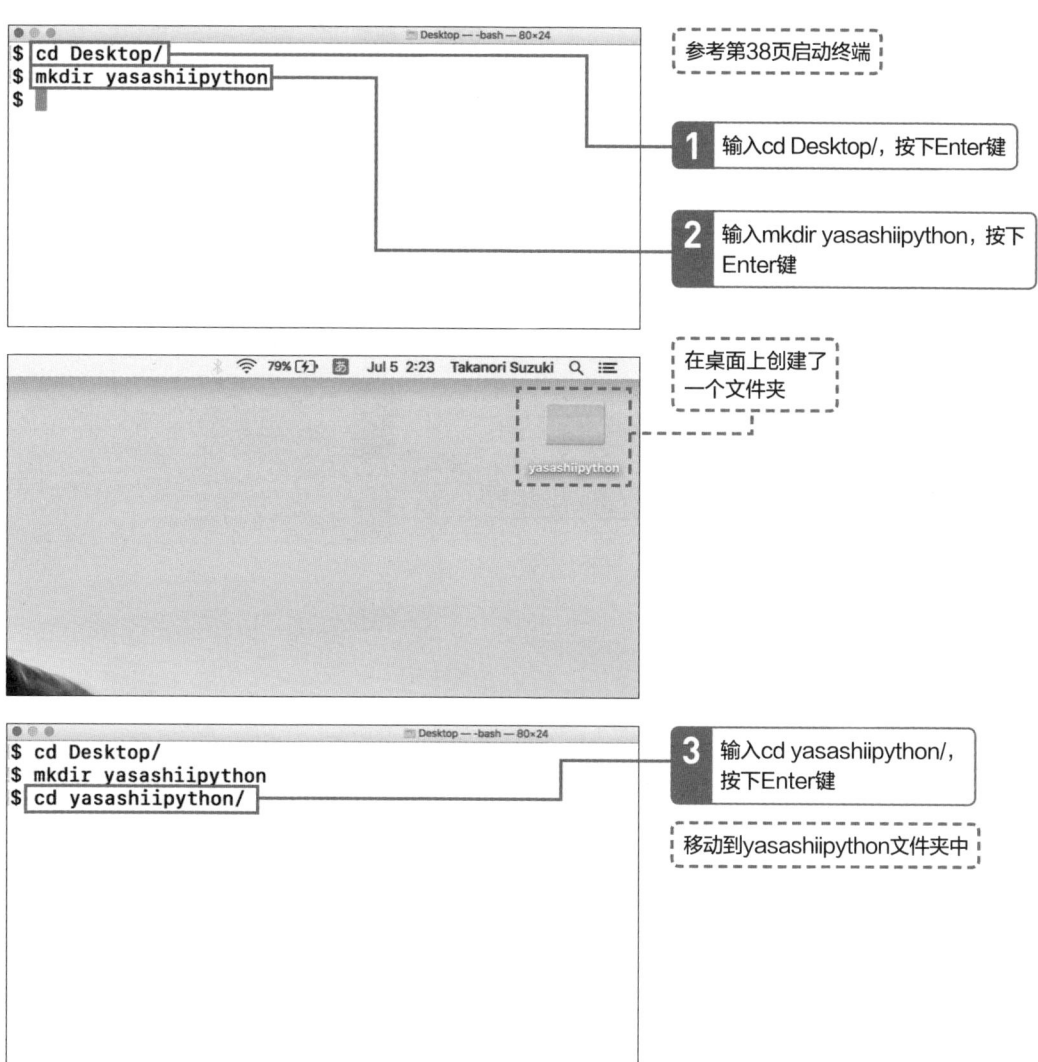

参考第38页启动终端

1 输入cd Desktop/，按下Enter键

2 输入mkdir yasashiipython，按下Enter键

在桌面上创建了一个文件夹

3 输入cd yasashiipython/，按下Enter键

移动到yasashiipython文件夹中

● 使用Atom创建文件

1 | 创建并保存Python文件

下面我们来制作文件，尝试编写Python程序吧。启动Atom文本编辑器，创建一个新文件。

将新文件sample.py保存到刚才创建的python_code文件夹中。

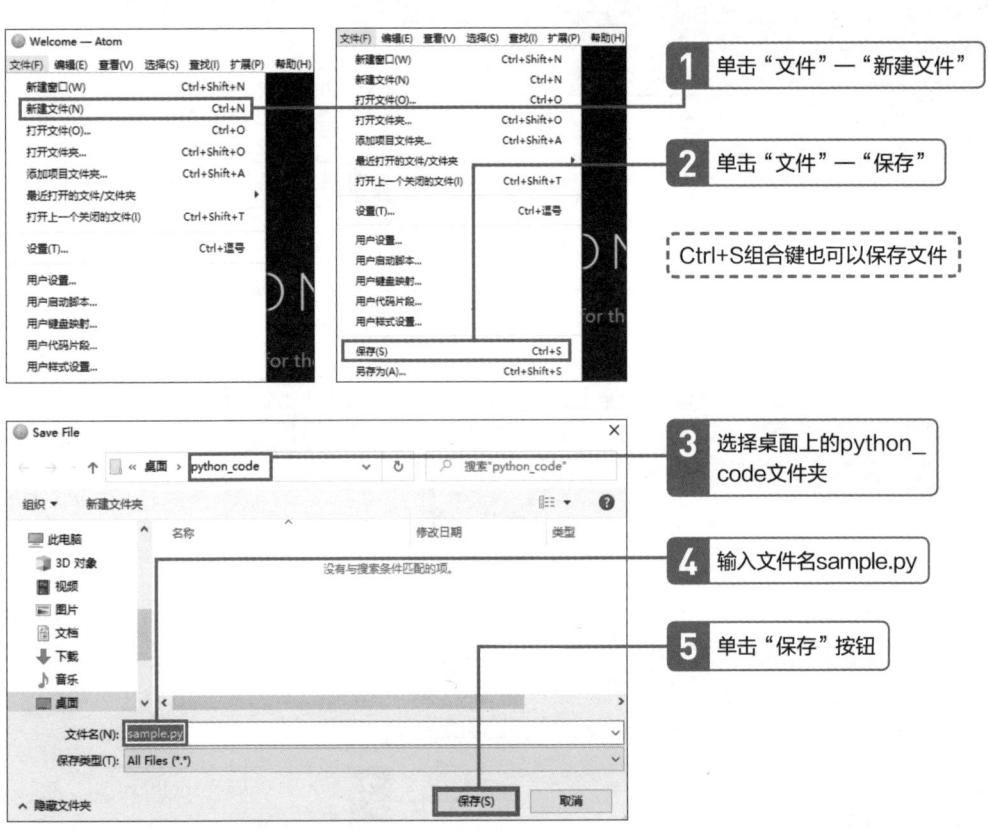

1 单击"文件"—"新建文件"

2 单击"文件"—"保存"

Ctrl+S组合键也可以保存文件

3 选择桌面上的python_code文件夹

4 输入文件名sample.py

5 单击"保存"按钮

2 | 使用Atom编写Python程序

在sample.py文件中编写Python程序。输入print(1+2)，表示输出1+2相加的结果。写好程序后，再次从菜单中选择"文件"—"保存"来 覆盖并保存文件。

执行dir命令（macOS中是ls命令），确保已经创建了名为sample.py的文件。

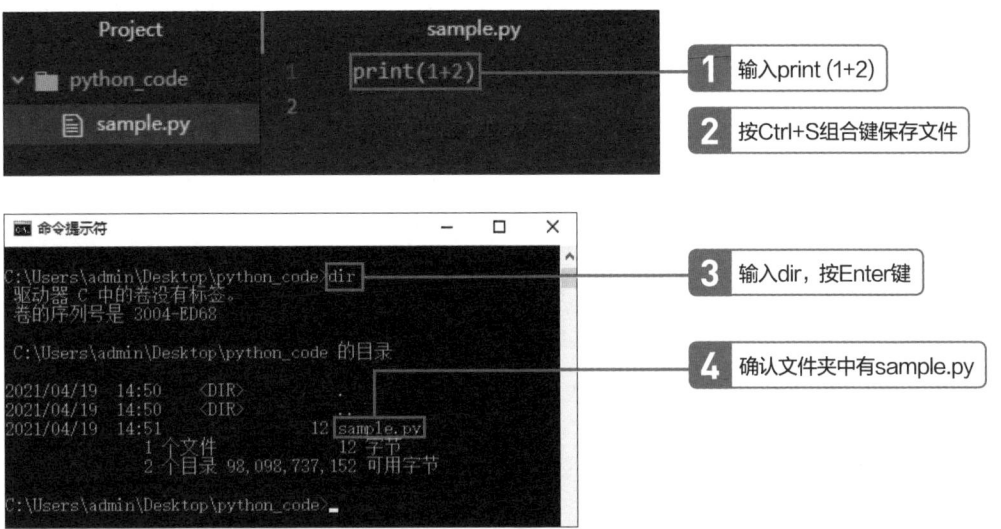

1 输入print (1+2)

2 按Ctrl+S组合键保存文件

3 输入dir，按Enter键

4 确认文件夹中有sample.py

● 运行Python程序

在命令提示符中输入python sample.py，运行刚才创建的python程序。

程序正常运行后，命令提示符中会显示结果3。

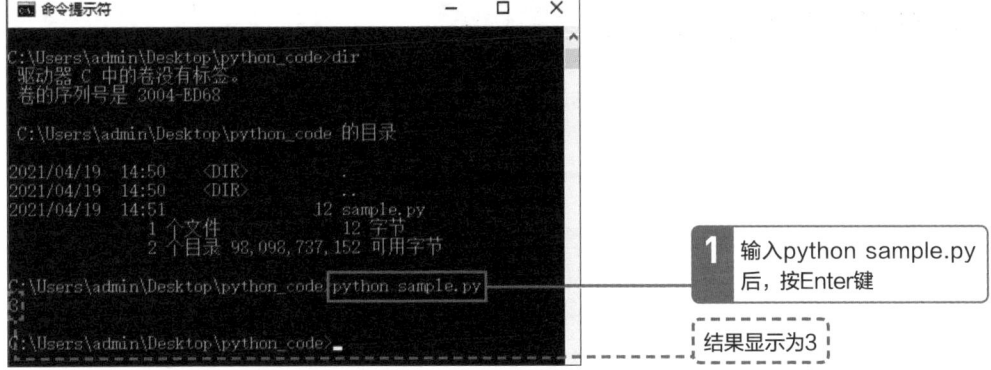

1 输入python sample.py后，按Enter键

结果显示为3

小贴士　使用macOS操作的情况

在macOS中，使用ls命令替代dir命令，python3命令替代python命令（参考第7节、第11节）。

```
● ● ●                        yasashiipython — -bash — 80×24
$ cd Desktop/
$ cd yasashiipython/
$ ls
sample.py
$ python3 sample.py
3
$ ▉
```

👆 要点　文件和文件夹的补全功能

在使用cd命令输入文件夹名称的时候，容易出现错误。在命令提示符中可以补全文件和文件夹名称的输入。学会使用这个功能，输入就会变得轻松。

补全功能通过Tab键来实现。如果你要从当前文件夹移动到Desktop文件夹中，请按照以下步骤进行操作。

1 输入cd De

2 按Tab键

Desktop已经补全输入

如果当前文件夹中有同样以De开头的Develop文件夹，那么再按一次Tab键，候选项就会从Desktop变成Develop。由于这个功能很方便，所以请大家一定要尝试使用。

以上就是命令提示符的基本操作。
接下来就要开始Python编程了。

第3章

一边学习基础
一边制作程序

从这一章开始，我们就要使用Python的基础语法制作简单的处理程序。通过编写不超过10行的程序，学习输入、计算、结果输出等编程的基本知识。

12

[编写程序之前]

思考一下想通过
程序实现什么

扫码看视频

学习要点

> 虽说要编写程序，但没有"想让计算机做的事情"最好不要开始。和人类一样，计算机也有擅长和不擅长的地方。理解计算机的性质后，再来思考制作什么样的程序比较好。

➜ 计算机擅长和不擅长的事情

计算机最擅长的事情是快速计算庞大的数、存储大量的信息、重复多次相同的事情。进一步分解为更具体的功能，就是"输入""输出""计算""循环""条件分支"。所谓程序就是为了让计算机做自己擅长的事情而发出的指令集合。相反，计算机不擅长的事情是像

人类一样产生创意，或者应用信息创造出其他东西。

在制作程序的时候，首先要意识到计算机擅长和不擅长的区别，再仔细思考现在想让计算机实现的动作到底是什么，这是很重要的。

▶ 程序是"计算机指令"的集合

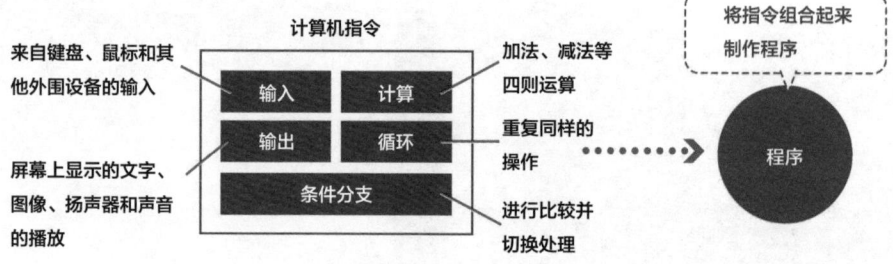

➔ 找出想让计算机做的事情

在编写程序的时候，首先要考虑是希望计算机做什么。这次我们以"输入出生年份显示干支"这个例题为基础进行思考。刚开始很难想象怎样实际地去实现程序，但是按照以下流程，将例题分解为一个个动作来思考的话，就能明确需要怎样的动作了。你觉得如何？通过分解思考，你是不是稍微能看到程序的全貌了呢？

▶ 想要制作的程序的实现效果

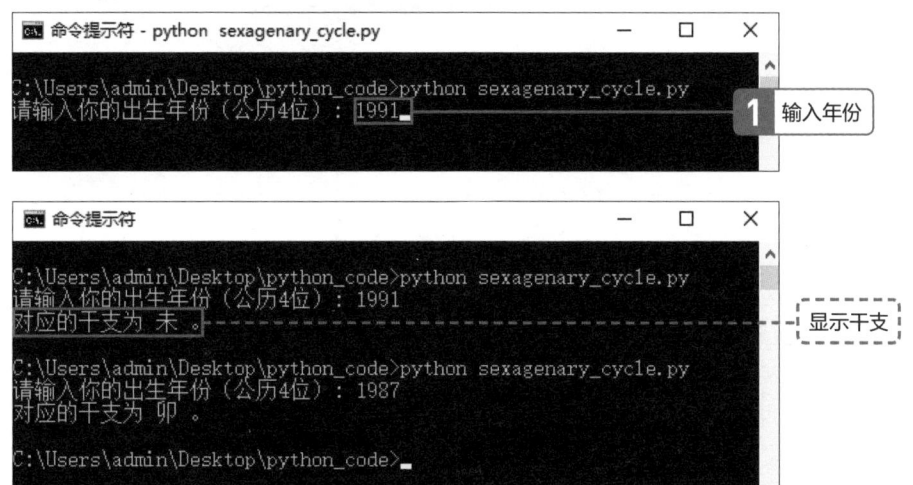

▶ 将"想要做的事情"分割成细小的动作

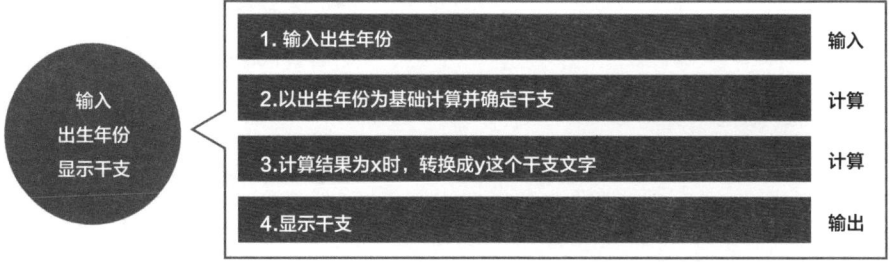

如果在工作中遇到困难，或者想要提高工作效率，可以试着思考一下如何通过程序来解决这些问题。

→ 组合命令的程序称为算法

让计算机达成目标的一系列步骤被称为算法。在前面的介绍中分解出的"输入出生年份"→"以出生年份为基础计算并确定干支"→"计算结果为x时，选择y这个干支（x=0时y=子、x=0时y=丑……）"→"显示干支的名称"这些操作也是算法之一。编写程序就是将这些算法归纳为一系列步骤的工作。

> "怎样组合才能达成目的"这一问题的解决方法叫作算法。

→ 如何根据公历"数值"中求出干支的"文字"？

让我们来思考一下这个程序的核心——根据公历求干支的部分。具体地说，比如输入1996年、2008年、2020年中的某一个就表示为"子"年的方法。为此，首先必须知道根据数值求对应文字的方法。在程序中，根据数值求对应文字时，一般的方法是"从文字中分配序号，通过序号取出文字"。这次的情况是干支的12个字分别分配了0到11的号码，所以在输入1996、2008、2020等数值时，找到计算0顺序的方法就可以了。

▶ 根据顺序求出对应的文字

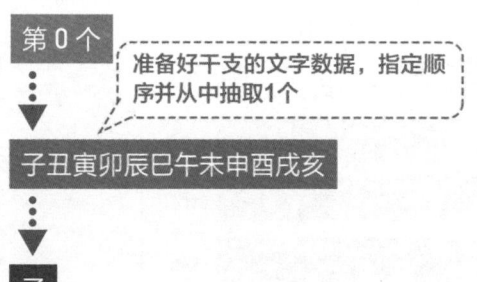

第0个

> 准备好干支的文字数据，指定顺序并从中抽取1个

子丑寅卯辰巳午未申酉戌亥

子

▶ 根据数值求出顺序

公历 ┈▶ 从 0~11 的顺序

> 计算数值除以12的余数，就可以得到重复0~11的数值

子丑寅卯辰巳午未申酉戌亥 ┈▶ 4

> 不等于0，需要加8或减4

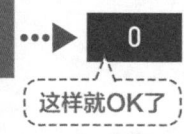

2008 加 8 后除以 12 得到的余数 ┈▶ 0

> 这样就OK了

➔ 用图表示算法

在脑子里想象一下程序是如何运作的。如果不习惯某种程度的程序编写，是无法立刻完成的。这时，我们可以将算法（程序）的流程绘制成图，如下所示。

表示流程的图称为流程图。流程图是今后思考程序流程的好帮手。

▶ 流程图示例

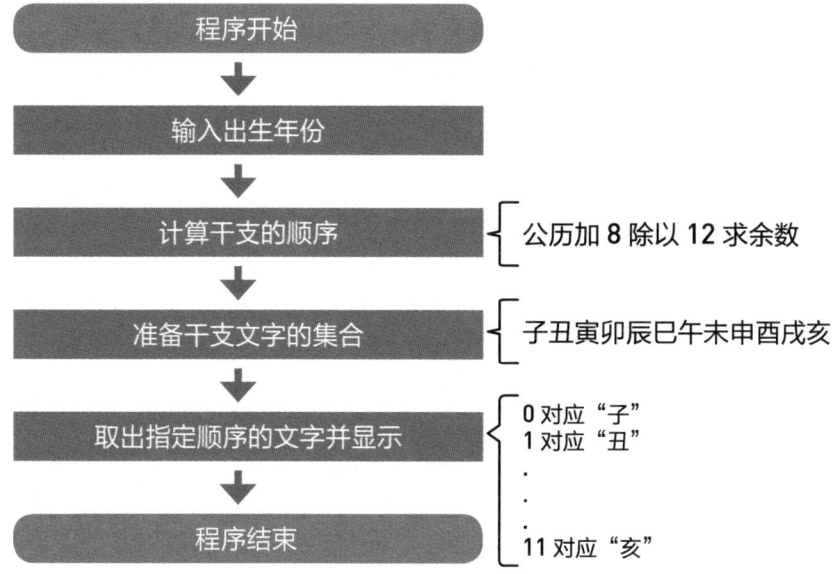

这个例子的流程非常简单，但是很多程序要比这复杂得多。困扰的时候可以试着通过流程图整理一下思路。

👍 要点 绘制流程图和算法的工具是什么？

我说过在开始编写程序之前，最好事先把想让计算机做的事情和算法记录下来。那么，在绘制图表和算法时，应该使用什么样的工具呢？

其实我最推荐的工具是纸和笔，并不需要多么夸张的工具。我们可以使用相机将整理在纸上的图表和想法拍下来保存。为了总结思考，记录并整理是很重要的。

扫码看视频

13 [数值的计算]
让计算机计算一下吧

学习要点

在上一节中，我们学习了制作程序的思考方法。接下来就要使用Python编写程序了。在这一节中，我们将以简单的例题为基础，学习计算擅长的"数值计算"的方法。

→ 如何通过程序来计算？

通过程序实现计算时，需要"公式"。公式由数值和运算符组合而成。下面的示例是最简单的计算公式，这和数学公式没什么区别。另外，这里出现的数值和数据等字符串、真假值（参考第74页）、公式的计算结果被称为值。

▶ 计算公式的示例

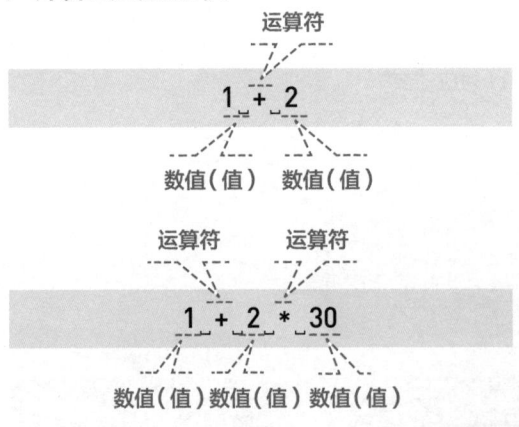

数值和运算符之间
存在半角空格

程序基本上是用半角字母和数字输入。如果是全角输入，可能会导致程序无法运行，或者出现无法预期的结果。

→ 和算术有点儿不一样！计算符号的"运算符"

运算符是计算时会用到的符号。加法的加号+、减法的减号−等都属于运算符。在程序的世界里，不能像算术的计算方法那样通过线条和图形来计算，所有的计算方法都要用运算符来指定。

例如想要得到除以的余数时，使用%运算符。17%4的计算结果是余数1。除了余数以外，乘法运算符还有一个独特的规则，那就是不用x，而是用*。

▶ Python的主要运算符和执行示例

运算符	运算符的说明	计算示例
a + b	加法运算	1 + 2 → 3
a − b	减法运算	3 − 1 → 2
a * b	乘法运算	2 * 7 → 14
a / b	除法运算	17 / 4 → 4.25
a // b	从除法的结果中去掉小数点以后的数字	17 // 4 → 4
a % b	a除以b得到的余数	17 % 4 → 1
a ** b	a的b次方	2 ** 3 → 8

👍 要点　在程序的适当位置插入半角空格

一般来说，程序内容的"阅读时间"要比"编写时间"更长。在Python中，有一个被称为PEP 8的可读性高的程序编写规则。其中有一条规则是"变量赋值（参考第15节）的等号（＝）前后要加入一个半角空格"。加入半角空格会使程序更容易阅读。如果空格的有无和规则不同的话，在多人开发的情况下，就会变成不统一且难以阅读的程序。因此，请大家按照规则编写程序。

▶ 难读的式子

```
i=i+1
```

▶ 易读的式子

```
i␣=␣i␣+␣1
```

▶ PEP 8 – Style Guide for Python Code

https://www.python.org/dev/peps/pep-0008/

日语翻译
https://pep8-ja.readthedocs.io/ja/latest/

→ 运算符有优先顺序

运算符有计算顺序的优先顺序。例如1 + 2 * 3这个计算式子，先计算2 * 3，然后计算1 + 6，最后结果是7。

比起加法和减法，乘法和除法更优先。相同优先顺序的运算符排列时，从左侧开始按顺序计算。

▶ 运算符的优先顺序

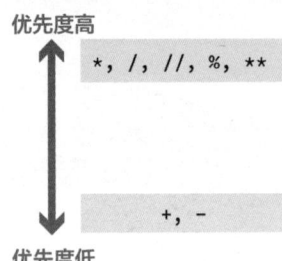

优先度高

$$*, /, //, \%, **$$

$$+, -$$

优先度低

▶ 相同优先级的情况

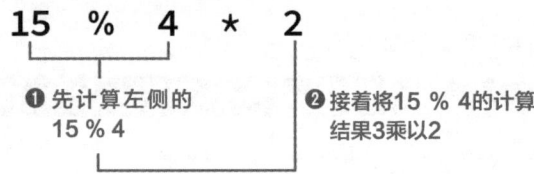

15　%　4　*　2

❶先计算左侧的15 % 4

❷接着将15 % 4的计算结果3乘以2

→ 使用括号()改变计算顺序

如果想要更改优先顺序，可以使用括号()将想要计算的部分围起来，以便优先计算括号中的式子。当然，如果改变运算符的排列顺序

也能得到想要的计算结果，那就没问题。但是，有时使用括号更容易理解式子，所以最好记住()的使用方法。

▶ 计算的优先顺序

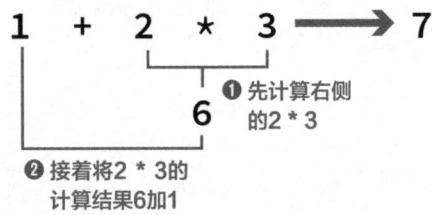

1　+　2　*　3 ➡ 7

6

❶先计算右侧的2 * 3

❷接着将2 * 3的计算结果6加1

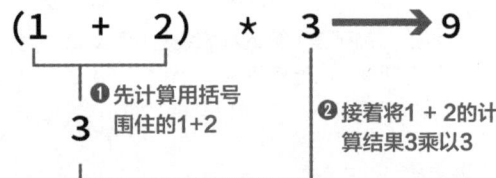

(1　+　2)　*　3 ➡ 9

3

❶先计算用括号围住的1+2

❷接着将1 + 2的计算结果3乘以3

使用Python让计算机计算

1 在交互模式下执行计算公式

实际动手让计算机计算一下吧。首先参考第7节，启动命令提示符，输入python进入交互模式，使计算机环境能够使用Python❶。试着输入

使用各种运算符组合的计算公式❷❸。数值和空格是半角输入。

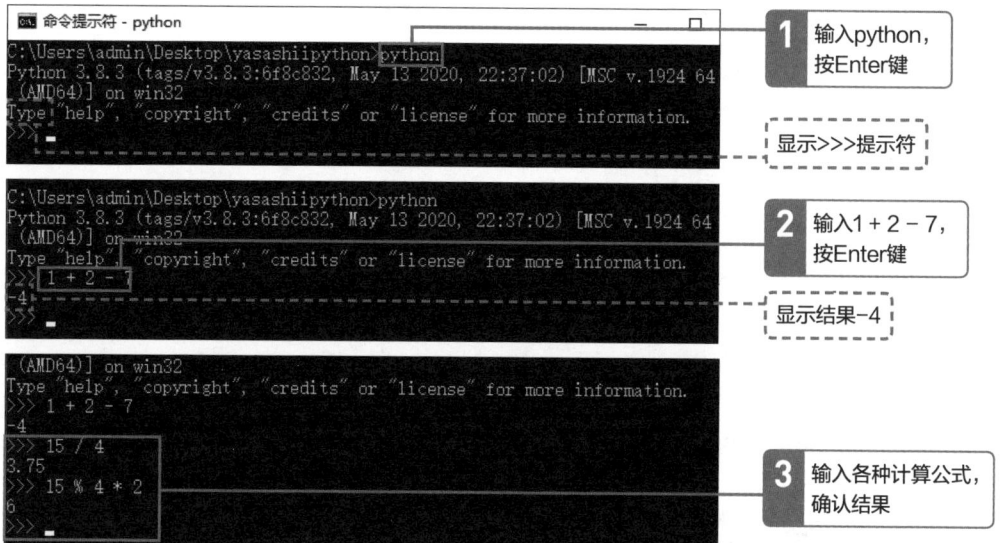

1 输入python，按Enter键

显示>>>提示符

2 输入1 + 2 − 7，按Enter键

显示结果−4

3 输入各种计算公式，确认结果

2 试着改变计算的顺序

接下来使用括号()改变计算的顺序❶。在多次输入的过程中，应该可以掌握各个运算符的特征。

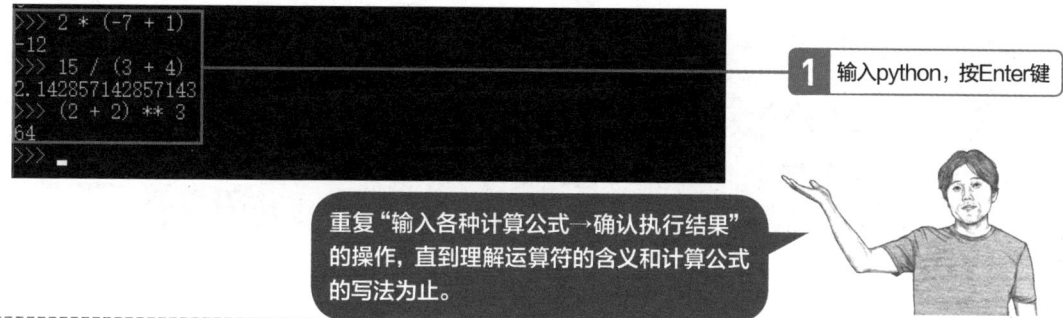

1 输入python，按Enter键

重复"输入各种计算公式→确认执行结果"的操作，直到理解运算符的含义和计算公式的写法为止。

扫码看视频

[print()函数]

14 学习如何显示数据

学习要点

在这一节中，以计算干支顺序的程序为例讲解Python的基本语法。首先创建一个新的Python文件，并使用print()函数显示一些东西。

→ 先做好编写程序的准备

学习了如何运行第11节中编写的Python程序后（以.py为扩展名的文件），从这一节开始，我们将真正在文件中编写程序。请使用在第1章中安装的Atom文本编辑器来编写程序文件。

▶ 编写文件并运行

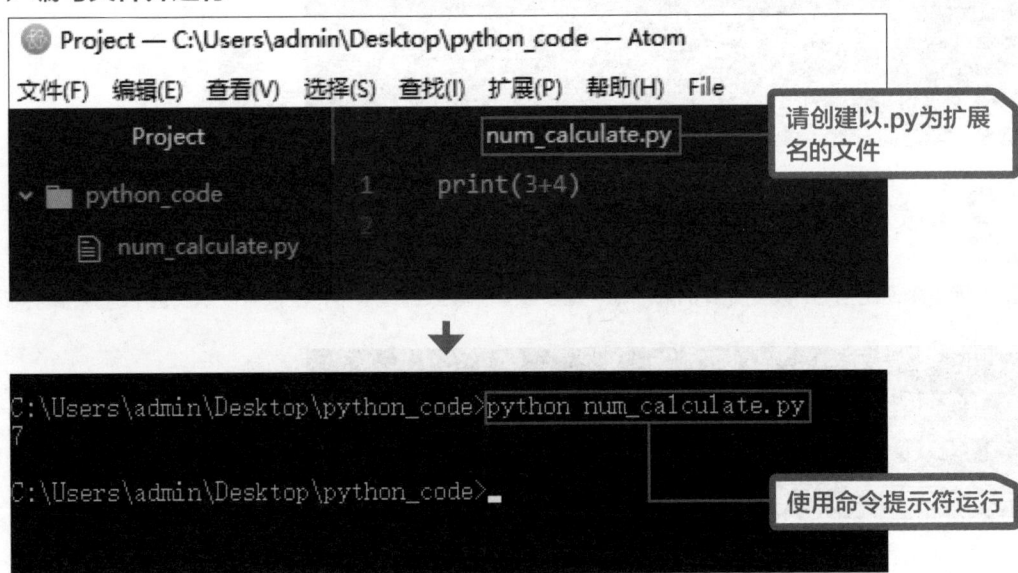

请创建以.py为扩展名的文件

使用命令提示符运行

确认程序运行的位置

命令提示符的使用方法在第2章中已经进行了说明，关于程序的运行位置，在此进行复习。在运行程序时，输入"Python程序文件所在的位置"，然后按Enter键。这个通向文件夹的路径被称为文件路径（path）。如果指定了错误的路径，将会无法识别文件，程序也会无法执行。

▶ Windows桌面上的python_code文件夹中有文件的情况

```
>python_c:¥Users¥ユーザー名¥Desktop¥yasashiipython¥eto.py
```

▶ 使用cd命令移动到python_code文件夹后运行文件

```
>cd_c:¥Users¥ユーザー名¥Desktop¥yasashiipython
>python_eto.py
```

 使用print()函数表示Python程序的执行结果

在交互模式下运行程序，只要写出公式，按下Enter键，运行结果就会立刻显示出来。但是，在将Python程序写进文件并执行的情况下，仅仅输入公式就运行的话，是不会显示结果的。

如果你想从文件中运行程序并显示结果，可以使用print()函数。像下面的例子一样，在print()的括号中写出计算公式，保存num_calculate.py文件。然后使用python num_calculate.py运行该程序文件。命令提示符中显示了计算结果吗？因为这是经常使用的功能，所以需记住。接下来我们一起实现这些步骤吧。

▶ print()函数的写法

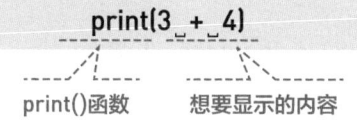

print()函数　　想要显示的内容

像print()这样的命令被称为"函数"。详细的介绍将在第22节中进行说明，这里请大家先记住。

⚪ 创建Python程序文件

1 创建新的Python程序文件 `num_calculate.py`

　　首先让我们来创建一个新的文件吧。从Atom的菜单栏中单击"文件"选项卡中的"新建文件"选项创建新的文件❶、显示保存对话框❷、文件命名为num_calculate.py并保存❸。

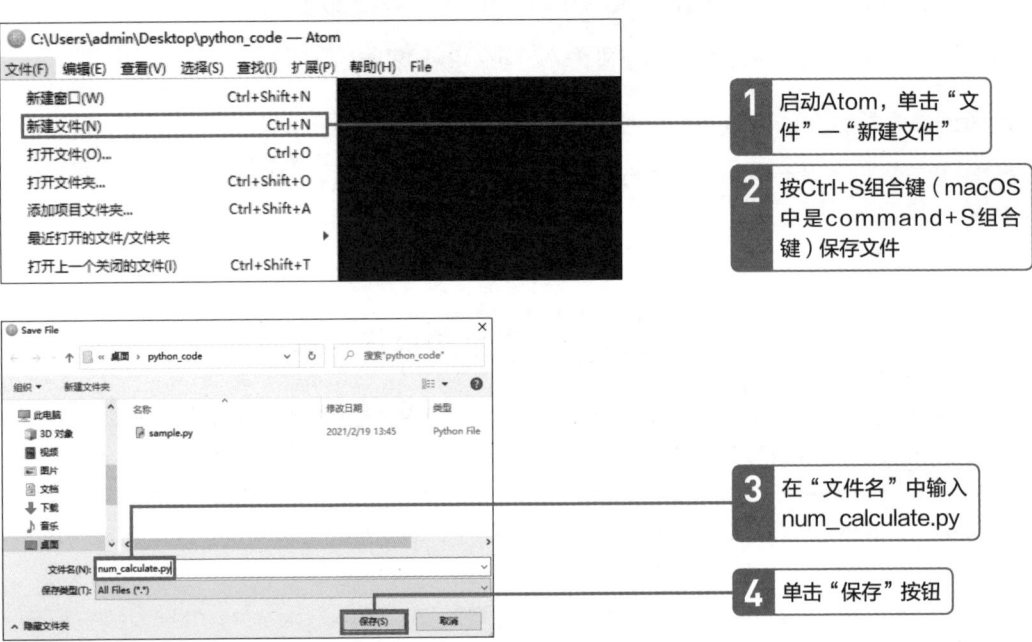

1 启动Atom，单击"文件"—"新建文件"

2 按Ctrl+S组合键（macOS中是command+S组合键）保存文件

3 在"文件名"中输入num_calculate.py

4 单击"保存"按钮

2 确认文件已经创建完成

　　为了确认是否已经正确创建文件，在命令提示符中运行python num_calculate.py❶。如果什么都没有输出的话，则文件是正确生成的。如果没有创建文件或保存错误，就会出现错误信息。例如python:can't open file 'num_calculate.py':[Error 2] No such file or directory（无法打开num_calculate.py：没有这样的文件或文件夹）。

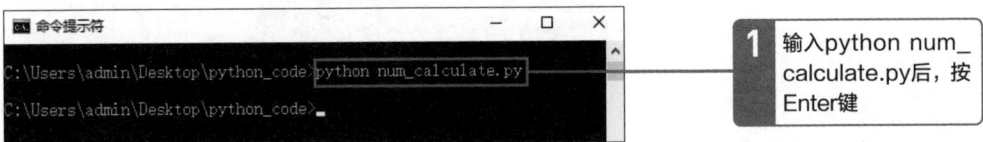

1 输入python num_calculate.py后，按Enter键

● 使用print()函数显示结果

1 | 添加print()函数

为了确认print()函数的功能，请在num_calculate.py文件中输入内容❶，并按Ctrl+S组合键（macOS中是command+S组合键）保存文件。

```
001  print(3_+_4)
```
1 输入print()函数

2 | 运行程序

请再次在命令提示符中输入python num_calculate.py，按Enter键❶。如果没有错误的话，会显示()中3+4的计算结果7。

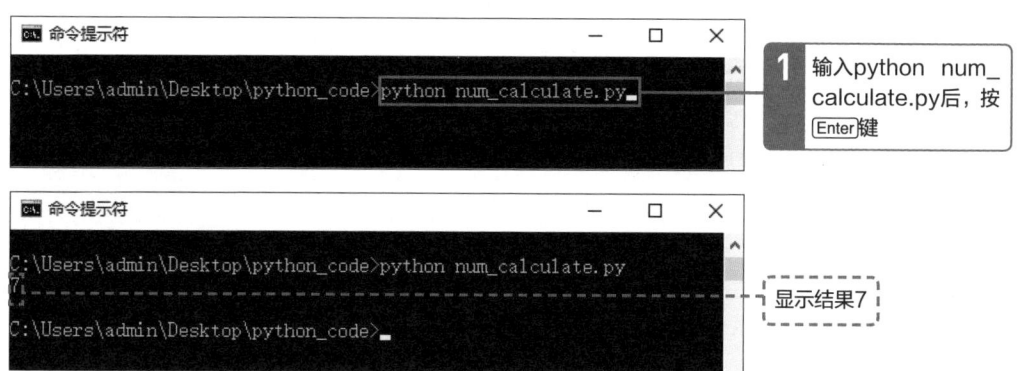

1 输入python num_calculate.py后，按 Enter 键

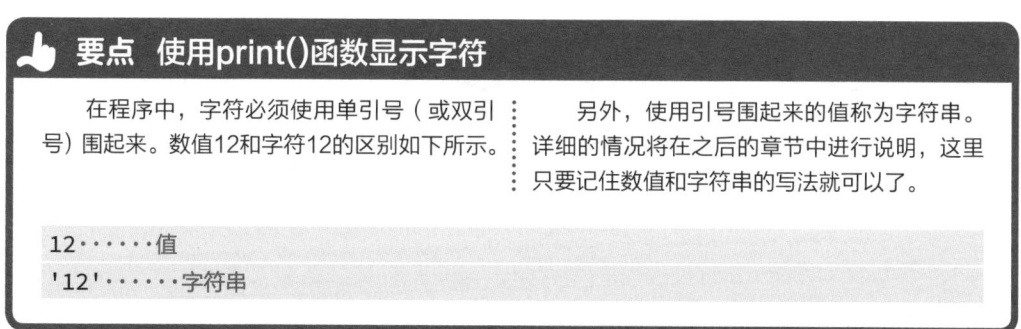

显示结果7

👍 要点 使用print()函数显示字符

在程序中，字符必须使用单引号（或双引号）围起来。数值12和字符12的区别如下所示。

另外，使用引号围起来的值称为字符串。详细的情况将在之后的章节中进行说明，这里只要记住数值和字符串的写法就可以了。

```
12······值
'12'······字符串
```

第 3 章 一边学习基础一边制作程序

15 使用变量存储值

扫码看视频

学习要点

在这一节中,我们将学习给值起名字并进行记忆的"变量"机制。利用变量可以让相同的值跨多行使用。这对于编写更复杂的程序来说,是不可或缺的。

➔ 使用变量的好处是什么?

让我们稍微思考一下吧。例如编写计算1991年对应干支的程序。如果是你,会怎么做?

打开文件,改写出生年份的部分吗?到目前为止,我们只处理了一个公式。如果程序中有庞大的行数,那么在大量的程序中,多次反复使用出生年份会怎么样。

要想一字一句都不出错地改写是非常困难的。因此,在程序的世界里,有一种机制,就是给一个值起一个名字,只要写出那个名字就可以使用对应的值。我们把这个值命名为变量。

▶ 变量便利的理由

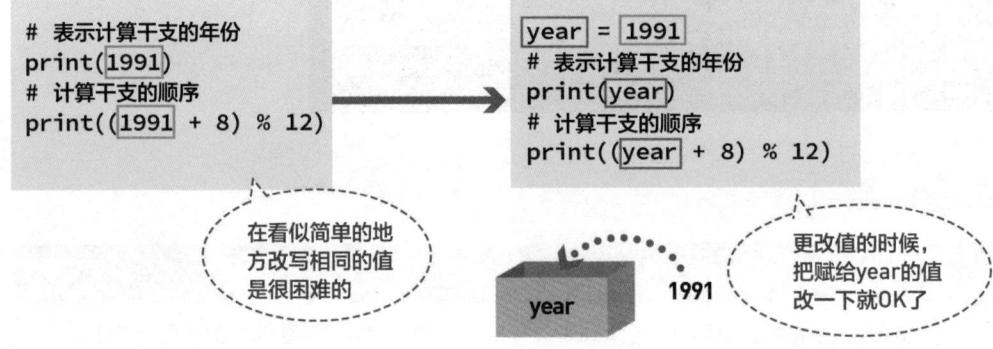

```
# 表示计算干支的年份
print(1991)
# 计算干支的顺序
print((1991 + 8) % 12)
```

```
year = 1991
# 表示计算干支的年份
print(year)
# 计算干支的顺序
print((year + 8) % 12)
```

在看似简单的地方改写相同的值是很困难的

year 1991

更改值的时候,把赋给year的值改一下就OK了

第 3 章 一边学习基础一边制作程序

➔ 更改值的时候，把赋给year的值改一下就OK了

实际上，我们可以利用变量给数值起个名字。起名字的时候需要在等号的左侧写上名字，右侧写上名字的值。

这里使用的方程式与数学不同，并不是等号的意思。在程序的世界里叫作赋值。

▶ 变量的赋值

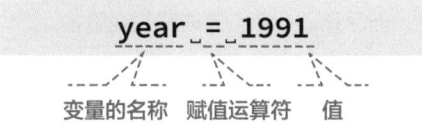

变量的名称　赋值运算符　值

▶ 赋值机制

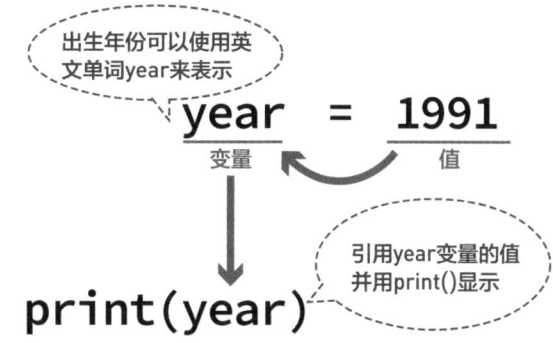

出生年份可以使用英文单词year来表示

$$year \quad = \quad 1991$$

变量　　　　　值

引用year变量的值并用print()显示

print(year)

➔ 使用变量值的"引用"

使用赋值变量的值被称为"引用"。引用的方法很简单。例如，想要使用某个变量的数值进行计算时，只需要将该变量的名称放入计算公式即可。

用year代替1991这个数值时，输入(year + 8) % 12的话，year的值就会被引用，实际计算就会换成(1991 + 8) % 12。

▶ 引用的机制

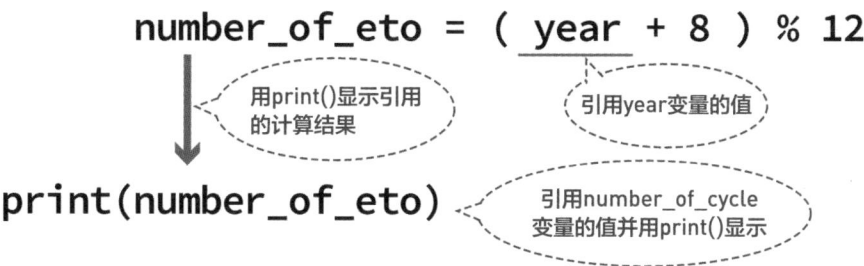

number_of_eto = (year + 8) % 12

用print()显示引用的计算结果

引用year变量的值

print(number_of_eto)

引用number_of_cycle变量的值并用print()显示

→ 取一个简单易懂的变量名吧

在程序的世界里，一般使用英文为变量命名。命名的关键取决于变量名要表达的含义。例如，想要取"喜欢的食物"这个变量名时，就用favourite_food替代，这样更容易理解和阅读。如果变量名是x这样没有意义的名字，那么如果不阅读程序的前后内容，甚至是程序的所有内容，就无法知道该值的含义。

还有一个要点，像favourite_food这样使用两个单词的变量名需要用下划线连接。例如，当我们看到favourite_food这个名字时，就会自动在脑海中将其分解为一个个英文单词。理解变量的含义需要花费时间，变量名可以很长，但尽量取一个容易理解的变量名。

▶Python变量的命名规则

- 尽量使用英文。
- 多个单词组合的名称使用下划线进行连接。
- 基本使用英文小写。
- 可以使用数字，但不能使用以数字开头的名字和只有数字的名字。

本书也是按照上述规则为程序中的变量命名的。

👍 要点 为什么变量名很重要?

为什么简单易懂的变量名称很重要呢? 变量名为x和y有什么问题吗? 如果将71页中num_calculate.py文件内容改写如下，且文件名改成sample.py的话，我们将不清楚这个程序是做什么的。

变量名不仅能说明变量本身的含义，还有助于说明程序。我们需要意识到"这里包含了怎样的处理""应该说明什么"，然后再给变量命名。

▶难以理解变量名的程序

```
y = 1991
y = (y + 8) % 12
print(y)
```

使用变量编写程序

1 | 编写计算公式　`sexagenary_cycle.py`

下面我们根据前面的介绍编辑sexagenary_cycle.py文件。在这里，使用变量编写计算干支顺序的公式。在第69页说过，干支的顺序由出生年份加上8再对12取余数得到的。

首先，将出生年份赋给变量year❶。然后，引用year的值编写计算干支顺序的公式。

number_of_cycle是用于表示干支顺序值的变量。和year不同，=左侧是number_of_cycle，右侧是计算公式。这种情况下，在赋值给number_of_cycle之前，会先计算右侧的公式，然后将计算结果赋值给左侧的number_of_cycle❷，公式并不是直接赋给变量的，最后输出计算结果（干支顺序）❸。

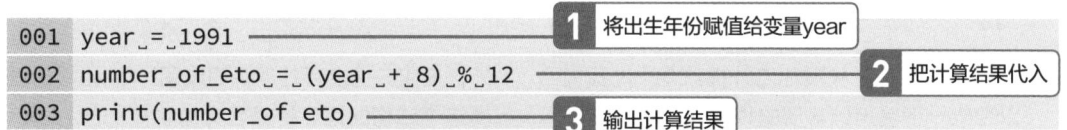

```
001  year_=_1991
002  number_of_eto_=_(year_+_8)_%_12
003  print(number_of_eto)
```

1　将出生年份赋值给变量year
2　把计算结果代入
3　输出计算结果

在这一节中会直接输出表示干支顺序的数值，但是在第21节中可显示干支对应的名称（子、丑等）。从这里也能看出顺序的值是从0开始的。

2 | 运行程序

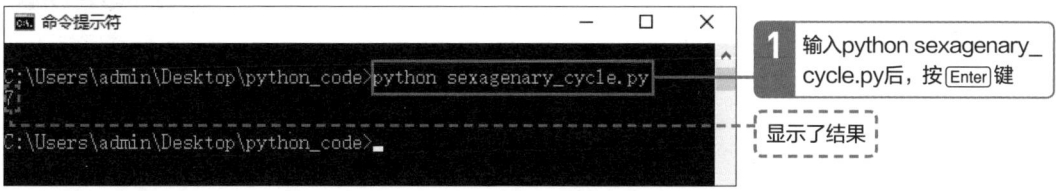

1　输入python sexagenary_cycle.py后，按 Enter 键

显示了结果

现在你知道使用变量的方法了吗？这是程序中重要的概念之一，请务必牢记。

16 从键盘接收输入的方法

扫码看视频

学习要点

到目前为止，我们都是在程序中写入值。但是在实际情况中，每次处理的值都会不一样。在这里，将学习如何从程序之外接收任意值。

→ 从程序外接收值

要想理解"从程序之外接收值"，我们可以想象一下使用计算器的场景。例如使用计算机按数字或运算符等按键输入公式，按等号键就会显示结果。这是将数字键的值传递给计算器本身的程序进行计算，也就是说这是从程序

外部接收数值进行处理。如果用Python程序替换这个结构的话，计算器计算功能的部分是程序，数字键是键盘，显示计算结果的部分是命令提示符。从该键盘的输入称为"标准输入"，在命令提示符中的显示称为"标准输出"。

▶ 标准输入和标准输出的图像

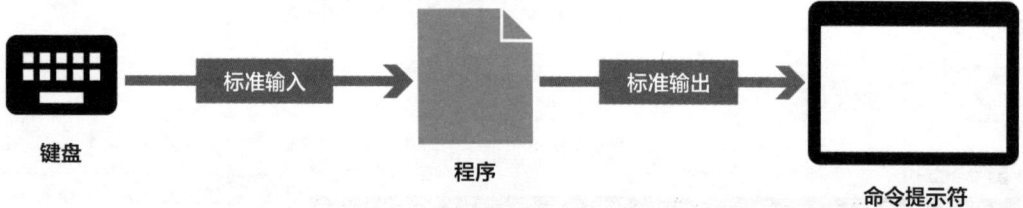

键盘 　　　标准输入　　　　程序　　　　标准输出　　　　命令提示符

"标准输入"和"标准输出"参考的是以前的二元论术语，CUI（参考第45页）程序至今仍在使用。

接收标准输入的是input()函数

在Python中，可以使用input()函数编写接收标准输入的程序。编写方法很简单，只要在程序中输入input()就可以了。为了能在程序中保存值，请直接将input()赋给变量。具体用法请看下面的程序。如果运行该程序的话，将会持续保持不显示任何内容的状态。这是程序在等待标准输入的状态。这时使用键盘输入1991后，按Enter键，1991就会在命令提示符中显示出来。

▶ input()的写法

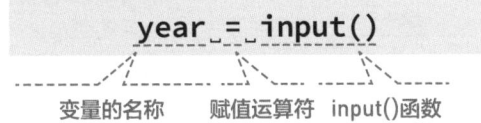

变量的名称　　赋值运算符　input()函数

▶ 运行使用input()的程序显示来自标准输入的值

```
year␣=␣input()······将标准输入的值（从键盘输入的值）赋给变量
print(year)······输出标准输入的值
```

命令提示符 - python sexagenary_cycle.py

C:\Users\admin\Desktop\python_code>python sexagenary_cycle.py

> 等待标准输入的状态

命令提示符 - python sexagenary_cycle.py

C:\Users\admin\Desktop\python_code>python sexagenary_cycle.py
1991_

> 从键盘上输入1991，按Enter键

命令提示符

C:\Users\admin\Desktop\python_code>python sexagenary_cycle.py
1991
1991

C:\Users\admin\Desktop\python_code>_

> 输入的1991会直接显示出来

> input()也是一种函数。如果名字后面是()，可以考虑为函数。

17 学习数据类型

学习要点

在使用计算机中的值（数据）时，程序对待数值和字符串的方式是不同的。在Python中，如果"类型"不正确，程序可能无法运行。在这里，我们将会学习各种"数据类型"。

→ 所有的数据都有"类型"

值（数据）存在"类型"。目前为止，我们处理的数值为int型（表示整数interger的缩写）。Python中还有表示浮点数（包含小数点的实数）的float型、表示字符串的str型、表示真假值的boot型等数据类型。虽然可以计算同样是数值的int型和float型，但是不能将数值（int型）和字符串（str型）一起计算。在编写程序的时候，有必要意识到类型的不同。

▶ **各种不同的数据类型**

int型（整数型）
没有小数点的数值
1   17   -3

float型（浮点数型）
包含小数点的数值
1.5   -0.4 **3.141592**

str型（字符串型）
将文字用 ' 或 " 围起来
'林檎' 'apple' **"108"**

boot型（真假值型）
返回对或错
True   False

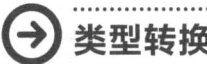 类型转换

使用input()函数从标准输入接收的数据是字符串类型(str)。因此，当数值(int)想要进行加法运算时，需要转换成int型。像这样将一种类型转换成另一种类型叫作类型转换。在进行

类型转换时，需要在类型转换函数的括号中放入要转换的值。在下面的程序中，我们可以将year_str的值转换为int型进行计算，如果按照str型来计算的话会出现错误。

▶ 进行类型转换

```
year_str = '1991'
year = int(year_str)·····因为输入的值是str型，所以需要转换为int型
number_of_eto = (year + 8) % 12·····因为所有的值都是int型，所以可以计算
```

▶ 进行类型转换的主要函数

函数名	类型
int()	整数型
float()	浮点小数型
str()	字符串型

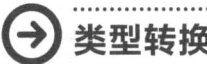 类型不同就会发生错误

如果是int型和float型这样的数值类型，即使是不同类型的组合也可以进行计算。但如果是数

值和字符串的组合来计算的话，就会像下面的示例一样提示错误信息，程序就会停止运行。

▶ 类型不合时显示的错误信息

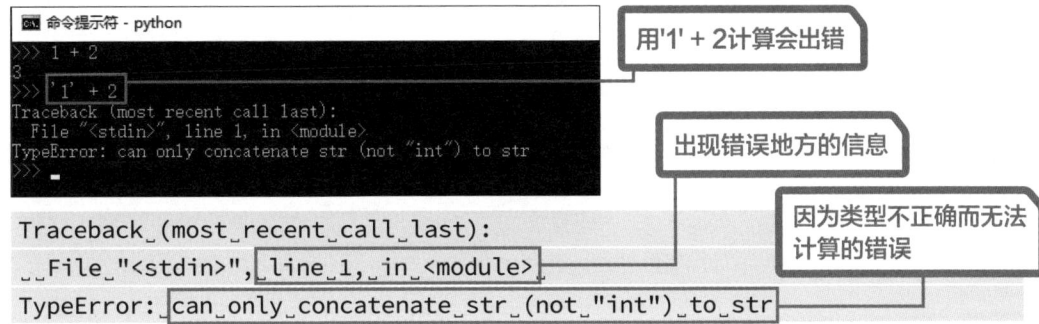

```
Traceback (most recent call last):
  File "<stdin>", line 1, in <module>
TypeError: can only concatenate str (not "int") to str
```

用'1' + 2计算会出错

出现错误地方的信息

因为类型不正确而无法计算的错误

完成从任意年份开始计算干支顺序的程序

1 使用标准输入　`cycle_input.py`

　　首先我们从创建Python程序的文件开始。这次创建一个名为cycle_input.py的文件。

　　然后使用input()函数接收标准输入。input()函数可以设置提示输入的字符串。我们可以只在

input()中输入想要显示的字符串，简单易懂的信息就可以❶。这次需要输入的值是出生年份，所以只要在input()中输入说明信息就可以了。

```
001  year_str_=_input('请输入你的出生年份（公历4位）:')
```

1 说明信息

```
命令提示符 - python cycle_input.py

C:\Users\admin>cd C:\Users\admin\Desktop\python_code

C:\Users\admin\Desktop\python_code>python cycle_input.py
请输入你的出生年份（公历4位）: _
```

显示提示输入的信息

2 将字符串转换成数值

　　使用input()函数输入的值会变成str型进入程序内部。为了进行四则运算，需要将值转换成int

型，所以使用int()函数进行转换吧❶。

```
001  year_str_=_input('请输入你的出生年份（公历4位）:')
002  year_=_int(year_str)
```

1 将输入的值转换成int型

3 完成输入任意值的程序

确认需要计算的值全部是数值后，编写计算干支顺序的公式，将结果赋给变量❶。最后用print()函数显示计算结果，程序就完成了❷。和之前一样，请试着运行cycle_input.py文件❸❹。

```
001  year_str_=_input('请输入你的出生年份（公历4位）:')
002  year_=_int(year_str)
003  number_of_eto_=_(year_+_8)_%_12
004  print(number_of_eto)
```

1 将计算结果赋给变量

2 显示结果

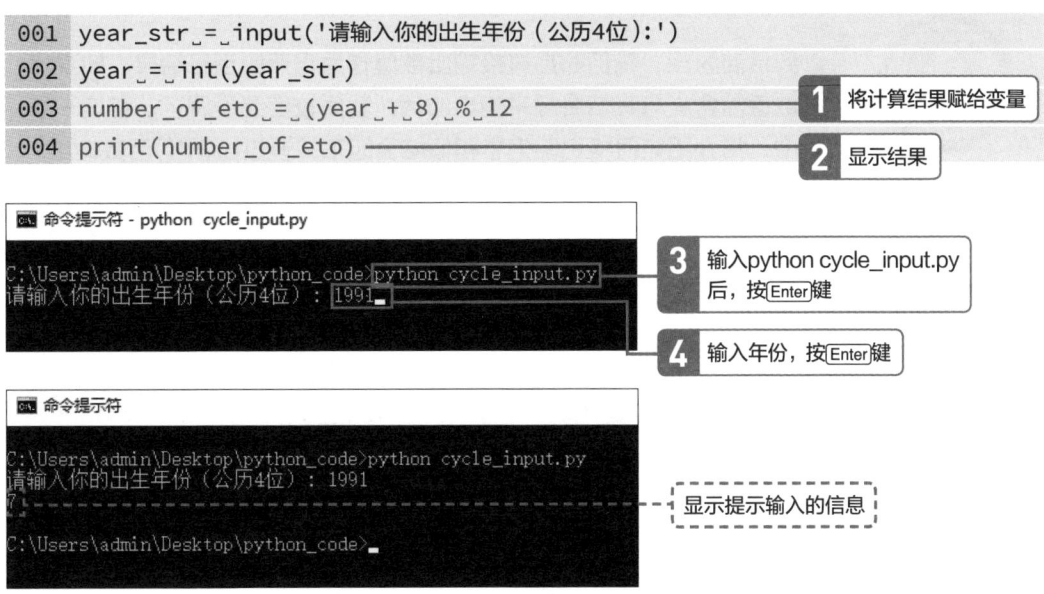

3 输入python cycle_input.py后，按Enter键

4 输入年份，按Enter键

显示提示输入的信息

只要能接收任意值，程序的范围就会变宽。试着输入自己的出生年份，或者编写其他的计算公式并显示出来吧。

18 输出简单易懂的信息

学习要点

到目前为止，我们都是直接输出数值作为程序的运行结果。如果将数值的含义与其结合起来输出的话，就比较容易理解了。在这一节中，将介绍如何将说明信息和值结合起来并通过print()函数输出。

第 3 章 一边学习基础一边制作程序

➔ 在print()函数中指定多个值

print()函数可以将文字和变量作为一个字符串输出。在()中使用逗号作为分隔符输入多个值，可以将它们一起输出。

作为值，数值和字符串混在一起也没关系。另外，输出的值和值之间有空格。

▶ print()函数的写法

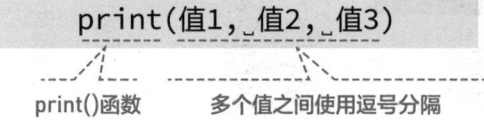

print(值1, 值2, 值3)

- - - print()函数　　　多个值之间使用逗号分隔

▶ 用逗号分隔排列的变量和文字被连接起来显示

```
year_=_1991
number_of_eto_=_(year_+_8_)_%_12
print(year, '年对应的干支顺序为', number_of_cycle,_ '。')
```
······使用print()将字符串和数值合并输出

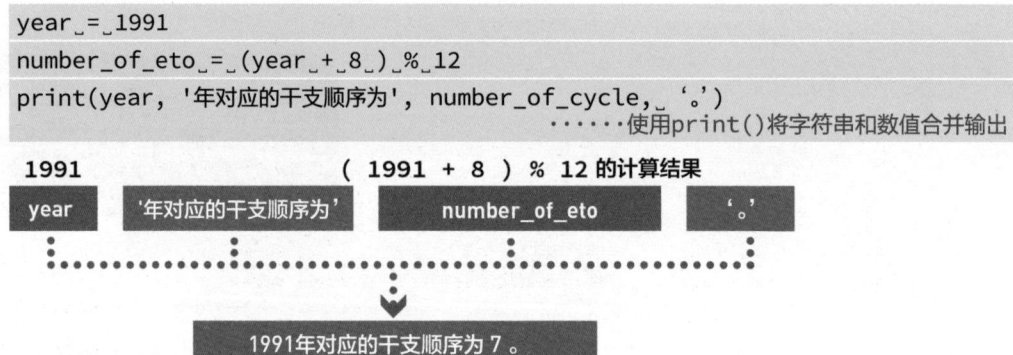

1991		（ 1991 + 8 ） % 12 的计算结果	
year	'年对应的干支顺序为'	number_of_eto	'。'

1991年对应的干支顺序为 7 。

● 在结果中加上说明信息并用print()函数输出

1 添加说明信息 `cycle_input.py`

下面我们根据第17节中的内容继续编辑cycle_input.py文件。在最后一行显示结果时，向print()函数中添加一条说明信息❶。这样的话，输出画面就会显示类似"对应的干支顺序为0"的说明信息。

```
001  year_str_=_input('请输入你的出生年份（公历4位):_')
002  year_=_int(year_str)
003  number_of_eto_=_(year_+_8)_%_12
004  print('对应的干支顺序为', number_of_cycle , '。')
```

❶ 显示结果

```
命令提示符                              —  □  ×

C:\Users\admin\Desktop\python_code>python cycle_input.py
请输入你的出生年份（公历4位）: 1991
对应的干支顺序为 7 。

C:\Users\admin\Desktop\python_code>python cycle_input.py
请输入你的出生年份（公历4位）: 1972
对应的干支顺序为 0 。

C:\Users\admin\Desktop\python_code>
```

显示提示输入的信息

使用print()函数输出多个值的话，值之间是有空格的。如果不想使用这种方式，可以用f-string替代（参考第23节）。

👍 要点 程序中的注释

为了提高程序的可读性，我们可以为程序编写注释。在Python程序中，注释的内容不会被执行。

当程序内容难以理解或者有必要作出解释时，可以为其添加注释。下面是cycle_input.py添加注释的示例。

▶ 注释示例

```
year_str_=_input('请输入你的出生年份（公历4位):_')
year_=_int(year_str)__#_将公历年份转换成数值
#_根据公历年份计算干支顺序（范围是0-11）
number_of_eto_=_(year_+_8)_%_12
print('对应的干支顺序为', number_of_cycle,_'。')
```

[列表]

19 将多个数据集中在一起

学习要点

在第18节之前编写程序时，只将一个数据赋给变量。实际上，在程序的世界里，有一种在变量中存储多个值的"列表"结构。下面我们一起来学习一下"列表"。

➜ 汇总多个数据的"列表"

在Python中，有一个列表类型（list），可以将数字和字符串等多个数据存储在一起。写法是每个值用逗号分隔并使用[]括起来。列表与数值、字符串一样，也可以赋值给变量。例如，将

干支对应的名称列出并归纳成一个变量，就像下面的示例一样。对于有多个值需要汇总在一起的情况，可以将其定义为列表。

▶ 列表的写法

列表的开始 ---- 列表的结束

$$eto\_list\,=\,['子',\,'丑',\,'寅',\,'卯']$$

变量　赋值运算符　　　　用括号标出值

▶ 使用列表归纳干支的名称

eto_list = ['子', '丑', '寅', '卯', '辰', '巳', '午', '未', '申', '酉', '戌', '亥']

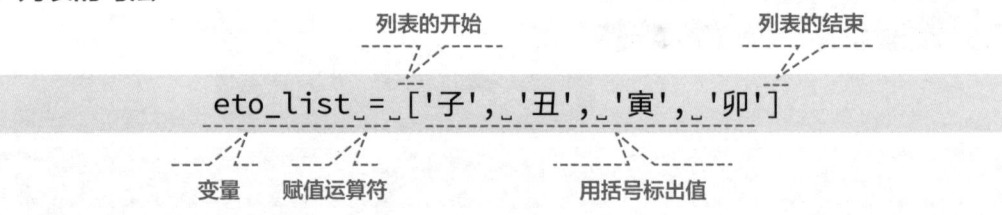

eto_list = |'子'| |'丑'| |'寅'| |'卯'| …… |'亥'|

干支的名称列表

第3章 一边学习基础一边制作程序

➔ 引用列表中的数据

在引用列表中存储的数据时，需要指定该数据的顺序。例如，想要引用第一个干支"子"，就要在列表赋值的变量名后面填入0。

不仅是Python，在程序的世界里，表示数据的顺序一般都是从0开始。这也是重要的规则之一，请务必牢记。

▶ 引用列表中的数据示例

```
eto_name_=_eto_list[2]······将列表中的[2]数据赋值给cycle_name变量
print('对应的干支为', cycle_name,_'。')
```

➔ 列表可以容纳多种类型的数据

在列表中，除了字符串之外，还可以放入整数型、浮点型等各种类型的值。一个列表中可以同时存储多种不同类型的数据。

▶ 包含各种类型的列表

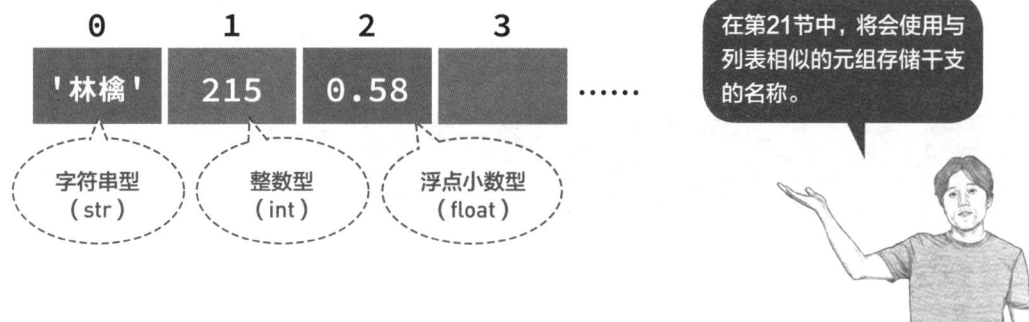

扫码看视频

[列表的操作]

20 试着操作列表吧

学习要点

在第19节中，我们学习了列表的基本概要。在这一节中，将学习如何在列表中添加元素或者从列表中删除特定的元素；同时，还要会使用新的方法。关于方法，将会在第22节中进行说明。

第3章 一边学习基础一边制作程序

→ 向列表中添加数据

在Python中，有一个名为append()的功能，可以在已经创建好的列表中添加数据。使用这个功能，可以在列表的最后添加数据。它的写法和迄今为止学过的形式略有不同。在列表变量的后面，用点来连接append()。Python中经常会使用这种写法，具有像一条链子一样用点连接的功能。我们把这个函数称为方法。

▶ 使用append()方法的程序示例

```
eto_list = ['子', '丑', '寅', '卯', '辰', '巳', '午', '未', '申', '酉', '戌', '亥']
eto_list.append('猫')······在列表中添加数据
print(eto_list)
```

▶ append()方法的执行结果

070

⊕ 使用remove()方法删除数据

与添加列表数据的append()方法相反，remove()方法负责删除数据。使用该方法，会删除指定在()中的列表元素。例如，在下面的程序中，运行cycle_list.remove('丑')，会删除列表cycle_list中的第2个（从0数到1）元素"丑"。

▶ 使用remove()方法的程序示例

```
eto_list_=_['子',_'丑',_'寅',_'卯',_'辰',_'巳',_'午',_'未',_'申',_'酉',_'戌',_'亥']
eto_list.remove('丑')······在列表中删除数据
print(eto_list)
```

▶ remove()方法的执行结果

删除了列表中的"丑"

⊕ 删除元素会改变原有顺序

另外，从列表中删除元素的话，列表的顺序也会发生变化。在使用remove()方法删除元素之前，列表的第1个元素是"丑"，删除之后第1个元素变成了"寅"。如果从列表中删除元素的话，顺序会依次向左填充，所以在处理和顺序相关的数据时需要特别注意。

```
eto_list_=_['子',_'丑',_'寅',_'卯',_'辰',_'巳',_'午',_'未',_'申',_'酉',_'戌',_'亥']
eto_name_=_eto_list[1]······将cycle_list的第1个元素赋值给cycle_name
print('在执行remove()之前，第1个干支的顺序为', cycle_name,_'。')
eto_list.remove('丑')······删除"丑"
eto_name_=_eto_list[1]······将cycle_list的第1个元素赋值给cycle_name
print('在执行remove()之后，第1个干支的顺序为', cycle_name,_'。')
```

▶ remove()方法的执行结果

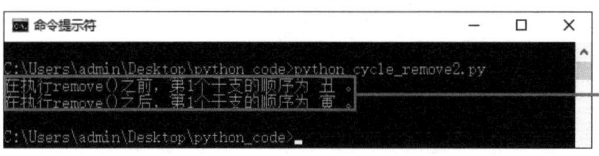

由于删除了"丑"，整个列表中的顺序都向左移动，"寅"排在了第1位

[元组]

21

使用元组聚合不变的数据

学习要点

在第19节和第20节中，我们已经学习了汇总多个数据的列表，在Python中还有一个与之相似的"元组"。列表和元组的不同之处在于，列表中的数据可以更改，而元组则不能更改。下面我们来学习这两者的区别吧。

➔ 对不变的数据使用元组

所谓不变的数据，是指在程序运行过程中值不会改变的数据。在Python中，为了处理不变的数据，有一个与列表稍微相似的元组（tuple）。创建列表后可以对其进行添加和删除操作，但是要想更改元组，只能重写程序内定义

元组的部分。

像干支这样的数据，之后如果没有什么特别的事情，内容就不会发生变化。在程序中途进行替换也会很麻烦，所以在处理这种数据时，请不要使用列表，而是使用元组。

▶ 元组的写法

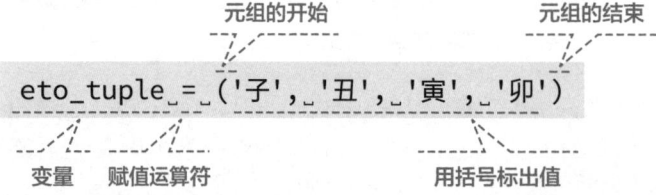

元组的开始   元组的结束

```
eto_tuple = ('子', '丑', '寅', '卯')
```

变量   赋值运算符   用括号标出值

观察周围各种各样的数据和事务，仔细思考可以用什么样的数据表格进行处理，这也是很好的学习方法。

第3章 一边学习基础一边制作程序

➔ 元组的使用方法

列表使用中括号[]将数据围起来，而元组使用的是小括号（）。但是用逗号分隔数据这一点是相同的。在引用数据时和列表一样，在元组被赋值的变量名后面放入中括号[]和数字。定义元组使用的是小括号，但是在引用数据时使用的是中括号，这一点不要弄混了。

▶ 引用元组

```
eto_tuple = ('子', '丑', '寅', '卯', '辰', '巳', '午', '未', '申', '酉', '戌', '亥')
```

```
eto_name = eto_tuple[1]······引用元组中的数据时使用[]
```

▶ 元组不可改写

```
eto_tuple[1] = '猫'······想要改写的话会出错
```

👍 要点 列表和元组的注意点

列表和元组都有"汇总多个数据"的特性，程序有时会变得很长。如果将数据写成一行的话，对自己和其他人来说都是很难阅读和理解的。因此，我们可以使用Python将程序编写得更容易理解。就像下面的程序一样，我们可以将数据一个一个进行换行。另外，最后一个数据后面也要有逗号。例如，想变更数据的顺序时，由于可以直接逐行进行复制和粘贴，所以编辑程序会变得更轻松。

```
eto_tuple = (
        '子',······一行一个数据容易读懂
        '丑',
        '寅',
          :
        '亥',······最后一个数据加上逗号便于修改
)
```

⬤ 完成从出生年份开始输出干支名称的程序

1 从出生年份开始计算干支名顺序　`multiple_data.py`

首先创建一个Python程序文件。这次要编写名为multiple_data.py的文件。接下来开始编写程序，在这里需要用到前面章节中学到的东西。

使用input()函数从键盘接收输入的年份。另外，还需要写上"希望输入什么样的数据"类似这样的说明信息❶。

```
001   year_str_=_input('请输入你的出生年份（公历4位）:_')
002   year_=_int(year_str)
003   number_of_eto_=_(year_+_8)_%_12
```

1 输入年份

2 定义干支数据

接下来，让我们一起汇总一下干支数据吧。由于干支的名称不会改变，所以这次不使用列表

而使用元组❶。

```
001   year_str_=_input('请输入你的出生年份（公历4位）:_')
002   year_=_int(year_str)
003   number_of_eto_=_(year_+_8)_%_12
004   eto_tuple_=_('子',_'丑',_'寅',_'卯',_'辰',_'巳',_'午',_'未',_'申',_'酉',_'戌',_'亥')
```

1 创建存储干支名称的元组

小贴士　干支的顺序和数据的关系

number_of_cycle是计算结果，表示干支的顺序0~11。数值0表示"子"、1表示"丑"、11表示"亥"。

```
number_of_eto_=_(year_+_8)_%_12······求0~11的顺序
eto_tuple_=_('子',_'丑',_'寅',_'卯',_'辰',_'巳',_'午',_'未',_'申',_'酉',_'戌',_'亥')
```

3 输出干支的名称

最后，根据计算出的干支顺序，从包含干支数据的元组中获取干支名称。将获取的数据赋值给cycle_name❶。最后，显示cycle_name的值❷。

```
001  year_str_=_input('请输入你的出生年份（公历4位）:_')
002  year_=_int(year_str)
003  number_of_eto_=_(year_+_8)_%_12
004  eto_tuple_=_('子',_'丑',_'寅',_'卯',_'辰',_'巳',_'午',_'未',_'申',_'酉',_'戌',_'亥')
005  eto_name_=_eto_tuple[number_of_eto]          1 从元组中获取数据
006  print('对应的干支为',_cycle_name,_'。')         2 显示 cycle_name
```

命令提示符 - python multiple_data.py

```
C:\Users\admin\Desktop\python_code>python multiple_data.py
请输入你的出生年份（公历4位）: 1991
```

3 输入python multiple_data.py后，按Enter键

4 输入年份后，按Enter键

命令提示符

```
C:\Users\admin\Desktop\python_code>python multiple_data.py
请输入你的出生年份（公历4位）: 1991
对应的干支为 未 。

C:\Users\admin\Desktop\python_code>python multiple_data.py
请输入你的出生年份（公历4位）: 1987
对应的干支为 卯 。

C:\Users\admin\Desktop\python_code>
```

显示了干支名称

其他年份也试一试

现在你掌握了列表和元组的区别，以及它们各自的特征了吗？由于列表灵活方便，所以可以用在各种地方。这里请牢记。

扫码看视频

[函数、方法]
22 学习函数、方法的特征和区别

学习要点

到目前为止，我们已经学习了print()函数、append()方法等术语。函数和方法以后也会反复登场。在这里，我们主要学习函数和方法的不同作用，以及参数的指定方式等。

→ 函数接收参数，将处理结果作为返回值返回

函数可以把程序的不同处理汇总在一起。

在下面的程序中为int()函数指定了10这样的字符串。由于该函数的执行结果是整型的10，所以将其值赋给变量。在()中指定的值被称为参数。函数执行结果的值被称为返回值。另外，函数的执行被称为"调用"。从函数中获得结果称为"返回"。

int()函数将数字字符串作为参数，并将其转换成整数型作为返回值。函数的方便之处在于，虽然动作本身不会发生变化，但是返回值会随着参数的值改变而改变。

关于函数的编写方法将在第6章中进行说明。

▶ 函数的写法

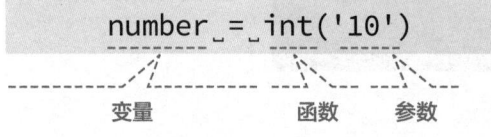

变量　　　　函数　参数

返回值　　　参数

变量　　函数（　）

```
number1_=_int('10')······返回10作为返回值
number2_=_int('2020')······返回2020作为返回值
number3_=_int('-100')······返回-100作为返回值
```

第3章 一边学习基础一边制作程序

对值进行处理的方法

方法与函数相似，只对某个值进行处理。以"值.方法名()"的形式书写。

在下面的程序中，对存储列表型数据的 cycle_list变量执行append()方法。

因为append()方法是向列表添加数据的方法，所以可以指定要添加的数据('卯')作为参数。

▶ 方法的书写方式

```
eto_list_=_['子',_'丑',_'寅']

eto_list.append('卯')
```

含有值的变量　　　　　点　　方法　　参数
（此处为列表类型）

方法也可以看成是数据类型的函数。

不同的数据类型使用的方法也不同

值的数据类型不同，使用的方法也不同。

列表型有添加、删除数据的方法，字符串型有转换字符串的方法等。

针对字符串操作的replace()方法并不是改写字符串本身，而是将替换后的字符串作为方法的返回值返回。

因为列表的append()、remove()方法会重写列表本身，所以没有返回值。

▶ 方法的使用示例

```
eto_list_=_['子',_'丑',_'寅']
eto_list.append('卯')······向列表中添加值的方法
eto_list.remove('丑')······向列表中删除值的方法
print(eto_list)······显示['子',_'寅',_'卯_']


eto_str_=_'子丑寅卯辰巳午未申酉戌亥'
index_=_eto_str.find('辰')······返回指定字符串的位置
replaced_=_eto_str.replace('子',_'猫')
                       ······将指定的字符串"子"替换为"猫"并返回
```

➔ 指定多个参数

函数和方法的参数不一定只有一个，字符串的replace()方法需要指定两个参数，以便将一个字符串替换成另一个字符串。在指定多个参数的时候，用逗号分隔进行指定。

根据函数、方法的不同，参数的个数有0个（不取参数）、1个、2个等。如果没有正确指定参数，执行时就会发生错误。

▶ 各种参数的示例

```
text = 'Hello World!'
text.lower()······转换为小写字母并返回的方法
text.find('Wo')······指定一个参数的方法
text.replace('World', 'Python')······指定两个参数的方法
text.replace('World')······发生参数不足的错误
```

➔ 根据参数的个数不同，行为也会发生变化

根据函数和方法的不同，有时动作也会根据指定的参数数量改变而改变。

下面的程序使用了替换字符串的replace()方法。如果有两个参数，则会替换所有指定的字符串。如果在第三个参数中指定数字，则替换指定的数字。

▶ 根据参数个数而改变行为的示例

```
text = 'spam spam spam'
text.replace('spam', 'ham')······结果为'ham ham ham'（全部替换）
text.replace('spam', 'ham', 1)······结果为'ham spam spam'（只替换了1个）
text.replace('spam', 'ham', 2)······结果为'ham ham spam'（替换了两个）
```

👍 要点 方法一览

关于列表、元组、字符串等有什么方法，请参考Python的官方文档介绍。特别是字符串，有很多方法，多到可能会让你惊讶。

https://docs.python.org/ja/3/library/stdtypes.html

能够指定0个以上的可变长度参数

函数print()可以接收0个以上的参数。在这种情况下，以空格作为分隔符的形式输出参数指定的值。0个以上意味着可以自由改变参数的数量，包括不存在的参数。像这样可以指定多个以上的参数称为可变长度参数。

▶ 可变长度参数示例

```
print()······只显示换行
print('干支为未')······显示"干支为未"
print('干支为',␣'未',␣'。')······显示"干支为␣未␣。"
```

 ## 与参数名一起指定的关键字参数

print()函数可以指定输出多个字符串时的分隔符。如果没有特别指定，则会用半角空格作为分隔符。不过，通过在sep参数中指定字符串，可以指定任意分隔符。这种"名称=值"形式的参数被称为关键字参数。

▶ 关键字参数示例

```
print('干支为',␣'未',␣'。')················显示"干支为␣未␣。"
print('干支为',␣'未',␣'。',␣sep=',')········显示"干支为，未，。"
print('干支为',␣'未',␣'。',␣sep='---')·····显示"干支为—未—。"
```

> 参数的指定方式有很多种。从经常使用的函数、方法接收的参数开始，慢慢记住它们的使用方法吧。

23 学习如何通过 f-string生成字符串

扫码看视频

学习要点

在这一节中，我们将学习如何使用f-string(生成包含变量值的字符串)。将f-string与print()函数组合使用的话，可以输出比print()函数更完整的消息。

➔ 方便字符串输出的f-string

到目前为止，要想同时显示多个值，可以写成"print('对应的干支为' cycle_name，'。')"。但是如果用print()来显示多个字符串的话，字符串之间会混入半角空格。f-string会产生嵌入变量的字符串，可以将任意值插入到字符串中，从而产生新的字符串。

▶ 使用f-string生成字符串

```
age = 64
name = '古德'
```

```
text = f'名字是{name}。年龄是{age}。'
```

```
text = '名字是古德。年龄是64岁。'
```

{}中是变量的值。

(→) f-string的使用方法

为了使用f-string，我们需要定义一个以f开头的字符串。例如，下面程序中的"f'名字是{name}。年龄是{age}岁。'"的部分就是f-string。在f-string的{}中，指定的变量值会被嵌入其中。在这种情况下，由于会引用name变量和age变量的值，所以执行后的结果为"名字是古德。年龄是64岁。"。另外，在{}中也可以执行计算和函数。在第2个示例中，通过编写{age + 1}，age会加1并作为字符串被显示出来。

▶ 使用f-string编写信息

001	name␣=␣'古德'
002	age␣=␣64
003	text␣=␣f'名字是{name}。年龄是{age}岁。'······使用f-string生成字符串
004	print(text)······执行结果是"名字是古德。年龄是64岁"
005	
006	text2␣=␣f'明年是{age + 1}岁。'······也可以在f-string中计算
007	print(text2)······执行结果是"明年是65岁。"

(→) f-string和print()函数组合使用

我们可以使用f-string生成字符串，然后通过print()函数输出。

像下面这样的写法，哪个部分对应哪个值就很容易理解了。

▶ 使用f-string编写信息

001	name␣=␣'古德'
002	age␣=␣64
003	print(f'名字是{name}。年龄是{age}岁。') ······将在f-string中生成的字符串传递给print()并输出

使用f-string生成说明信息

1 根据出生年份计算干支 `multiple_data.py`

将之前编写的程序的输出部分改写成使用 f-string的形式。cycle_name的值会嵌入到字 符串中，并通过print()函数输出❶。

```
001  year_str_=_input('请输入你的出生年份（公历4位）:_')
002  year_=_int(year_str)
003  number_of_eto_=_(year_+_8)_%_12
004  eto_tuple_=_('子',_'丑',_'寅',_'卯',_'辰',_'巳',_'午',_'未',_'申',_'酉',_
     '戌',_'亥')
005  eto_name_=_eto_tuple[number_of_eto]
006  print(f'对应的干支为_{cycle_name}_。')
```

1 生成f-string字符串

```
■ 命令提示符                                        —    □    ×

C:\Users\admin\Desktop\python_code>python multiple_data.py
请输入你的出生年份（公历4位）: 1991
对应的干支为 未 。

C:\Users\admin\Desktop\python_code>_
```

2 输入python multiple_data. py后，按 Enter 键

3 输入年份后，按 Enter 键

使用f-string，程序中生成的字符串的含义就容易理解了，所以我们要学会使用f-string。

第 3 章 一边学习基础一边制作程序

第**4**章

学习循环和
条件分支

在第3章中，我们学习了Python程序的基础知识。在第4章中，我们将学习编写程序时的重要处理操作——"循环"和"条件分支"。

24 学习循环处理操作

学习要点

计算机擅长的事情之一就是反复处理同样的事情。第3章中介绍了只执行一次计算和输出的程序。在这一节中，一边编写程序一边学习循环处理操作吧。

⟳ 什么时候使用循环处理？

例如，你可以想象一下收银的场景。超市收银的时候，收银员"拿起商品，读取条形码"的动作会根据商品的数量不断重复。像这样对多个数据（对应超市中的商品）进行同样的处理称为循环处理。循环处理的例子还有很多，比如"求全体学生的考试总成绩""给全体顾客发邮件"等。

▶ 循环处理的示意图

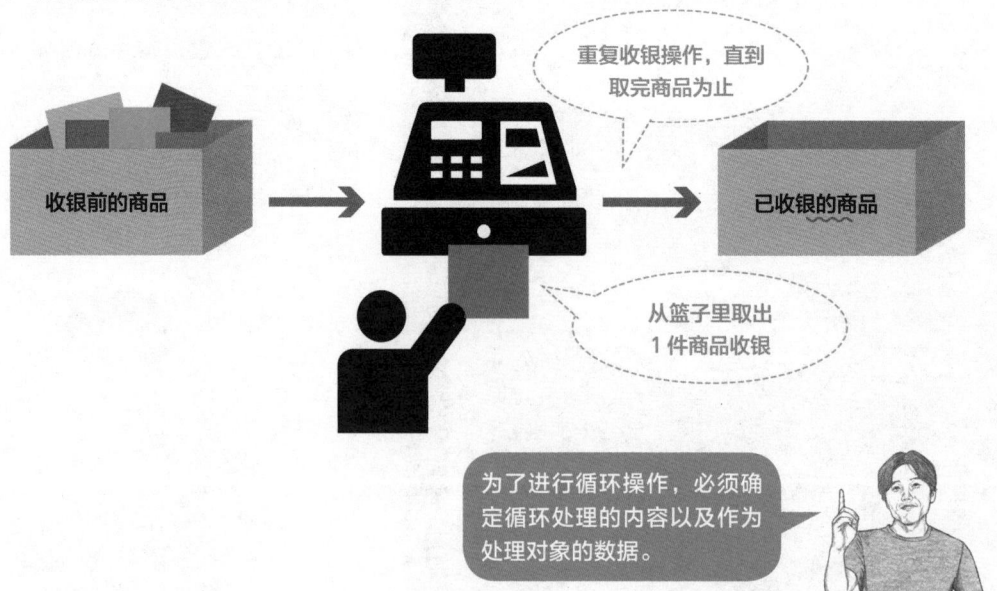

重复收银操作，直到取完商品为止

收银前的商品　　已收银的商品

从篮子里取出1件商品收银

为了进行循环操作，必须确定循环处理的内容以及作为处理对象的数据。

循环处理的for语句

在Python中有一种叫作for语句的语法，用于循环处理操作。在for语句中，将"待处理的数据对象"放入in的后面。这个数据指的是列表型、元组型和字符串等。将数据按顺序依次赋值给in前面的变量，然后进行"使用变量执行"的处理。for语句会继续循环处理，直到处理完最后的数据。

▶ for语句的写法

关键字for　　变量　　关键字in　　想要重复处理的数据

```
for point in point_list:
    使用变量执行的处理
```

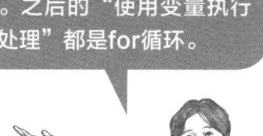

for关键字表示for语句的开始。之后的"使用变量执行的处理"都是for循环。

一个一个按顺序处理数据

以下是for语句的程序示例，试着理解处理流程。将保存有75、88、100三个值的列表赋值给point_list。当执行for语句时，首先将point_list中的第0个值75赋值给point变量，然后执行print(f'分数为{point}。')语句。这个程序会在for语句中循环处理print()，直到point_list的最后一个数据100被赋值给point变量。

▶ for语句的用法示例

```
point_list = [75, 88, 100]
for point in point_list:……point_list中的数据会赋值给point
    print(f'分数为{point} 。')
print('循环操作结束')
```

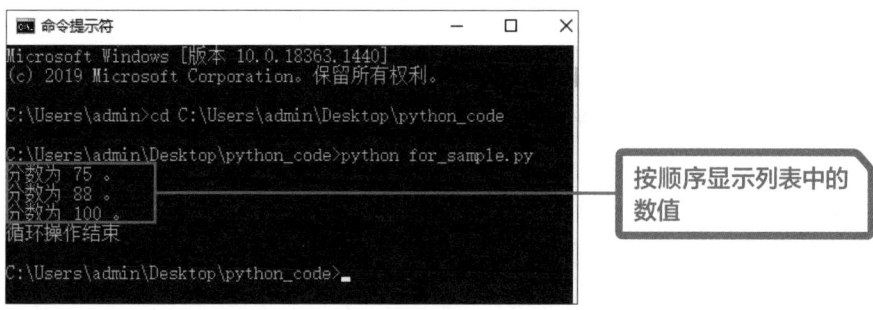

按顺序显示列表中的数值

➔ 使用索引确定处理的数据范围

在程序的行首插入空白字符并将文字后移称为缩进。在Python中根据缩进定义程序处理的范围。缩进行的范围称为"块"。空白字符必须使用半角空格。

全角符号会引起程序的错误。另外，PEP8（Python编码规范）中推荐使用4个半角空格。

▶ for语句的操作和缩进的作用

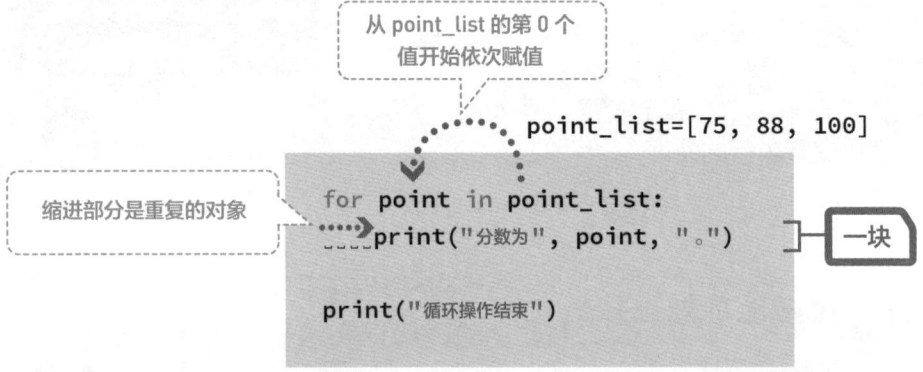

从 point_list 的第 0 个值开始依次赋值

缩进部分是重复的对象

```
point_list=[75, 88, 100]

for point in point_list:
    print("分数为", point, "。")

print("循环操作结束")
```

一块

👍 要点　在编辑器中快速缩进

在Atom等编辑器中缩进时，比起输入4个空格，更常用的是按一次Tab键。因为只需要一次操作就可以缩进代码，省去了编写程序时的麻烦。根据编辑器种类的不同，需要进行的相关设定可能也会不同。

⭕ 制作输出平均体重的程序

1 准备数据 `weight_average.py`

　　首先，创建一个名为weight_average.py的文件，准备体重数据。数据的集合可以用列表（参考第19节）来表示。那么，试着把多个体重数据汇总到列表中吧。用列表汇总数据的时候，在[]中用逗号分隔输入的数据。将列表中的数据赋值给weight_list这个变量❶。

```
001 weight_list = [50, 60, 73]
```
❶ 定义列表

2 使用for语句计算体重的总和

　　循环处理存储体重的列表吧。这次想循环处理的是"体重的累加"。使用for语句循环处理体重列表，然后添加到total变量中。

　　在此之前，需要准备一个变量存储体重。在Python中，如果不为变量赋值，就无法创建变量，所以我们可以将0赋给变量进行初始化。所谓初始化，就是将初始值赋给变量。这次在程序中编写的就是total = 0。初始化后，用for语句累加体重❶。

　　将total（总和）和weight（体重）相加后赋值给total变量，即total = total + weight❷。第1次的循环处理是total = 0 + 50，第2次的循环处理是total = 50 + 60。循环处理结束后，total变量中加入了3个体重的总和。

```
001 weight_list = [50, 60, 73]
002 total = 0
003 for weight in weight_list:
004     total = total + weight
```
❶ 为了计算体重的总和，将0赋给变量进行初始化

❷ 累加体重

> ### 小贴士 　加法赋值运算符+=
>
> 　　要想将某个变量的值赋给相加后的结果时，使用+=会更好一些。例如，total += weight就是total = total + weight。
>
> 如果不习惯这种写法的话，可能会难以理解。因此，刚开始我们可以写成total = total + weight的形式。

3 计算平均体重

平均体重是体重的总和除以总个数。总个数可以用列表的长度来表示。在Python中，利用len()函数可以获得列表的长度（数据的数量）❶。

得到总个数后，用体重的总和除以总个数，可以计算平均体重❷。最后，使用print()函数将结果输出就可以了。

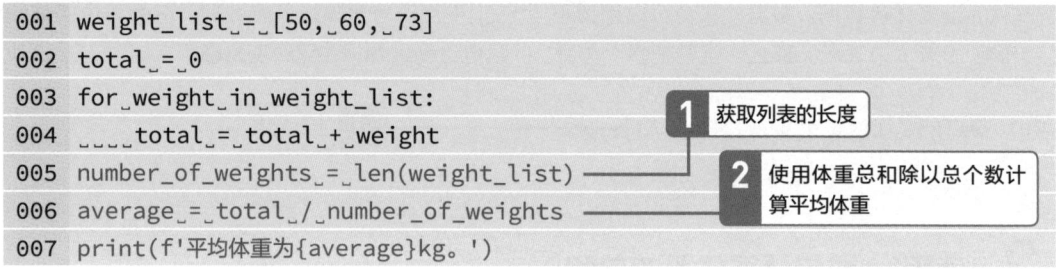

```
001  weight_list_=_[50,_60,_73]
002  total_=_0
003  for_weight_in_weight_list:
004  ____total_=_total_+_weight
005  number_of_weights_=_len(weight_list)
006  average_=_total_/_number_of_weights
007  print(f'平均体重为{average}kg。')
```

1 获取列表的长度

2 使用体重总和除以总个数计算平均体重

小贴士　len()函数计算值的长度

len()函数（len是length的缩写）可以以数值形式返回列表中数值的个数和字符串的长度。从上述程序示例中可知，由于weight_list中有3个值，所以len(weight_list)的执行结果是3。

4 运行程序，输出结果

在命令提示符中输入python weight-average.py运行程序文件 。结果成功显示平均体重。之后我们可以修改列表中的值确认结果的变化。

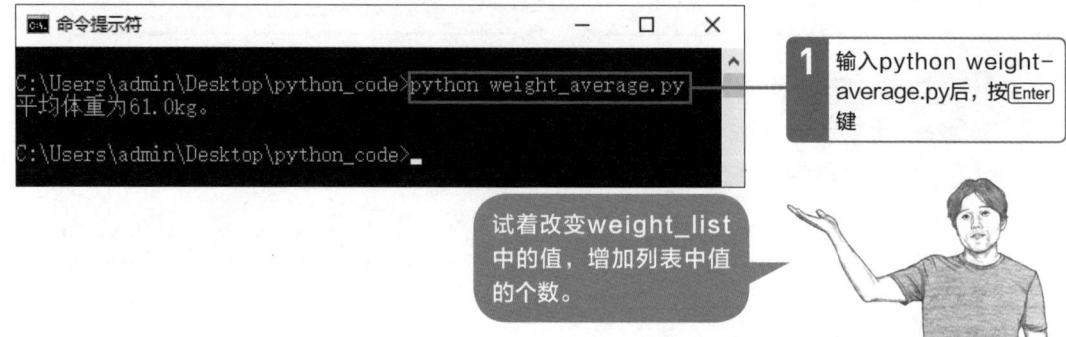

1 输入python weight-average.py后，按Enter键

试着改变weight_list中的值，增加列表中值的个数。

🖐 要点　在for语句中使用的便利函数

经常和for语句组合使用的函数有range()函数。该函数会返回指定范围内的连续数值。如果函数的参数只有1个，则返回从0到指定数值的前1个。如果有两个参数，则返回从开始到结束的前1个值。

▶ range()函数的写法

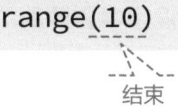

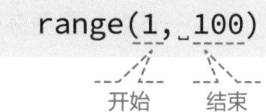

▶ range()函数的示例

```
for␣number␣in␣range(10):⋯⋯返回0,1,2,⋯9
␣␣␣␣print(number)
```

```
for␣number␣in␣range(1,␣100):⋯⋯返回1,2,⋯99
␣␣␣␣print(number)
```

enumerate()函数可以同时获取列表等的索引（顺序）和元素。例如，向列表中的元素分配序列号或者只对某个特定号码进行特殊处理，这是非常方便的。

在下面使用enumerate()函数的程序示例中，索引的数值会被赋给第1个index变量，列表中的各个元素会被赋给color变量。索引从0开始。

▶ enumerate()函数的示例

```
for␣index,␣color␣in␣enumerate(['red',␣'blue',␣'green']):
␣␣␣␣print(f'No.{index}␣is␣{color}')
```

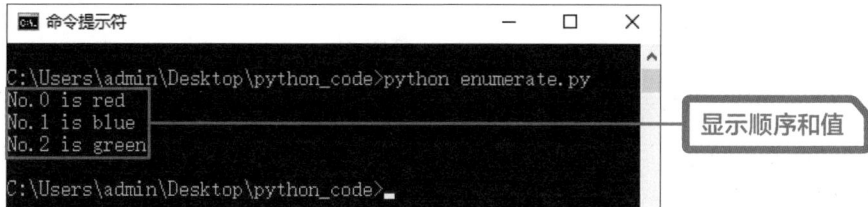

显示顺序和值

25 根据条件试着改变处理方式吧

扫码看视频

学习要点

在今后制作程序时会出现很多根据条件改变处理方式的场景。在这一节中，继循环处理后，将学习编写程序中重要的"条件分支"if语句。

→ 条件分支

根据条件改变处理方式的行为称为条件分支。例如，我们来思考一下购买冰箱的流程吧。在购买预算为30万日元的情况下，冰箱A的价格为35万日元，候选冰箱B的价格为29万日元，那么你会选择购买冰箱B吧。在这种情况下，以"预算为30万日元"为条件，根据条件的不同，购买的冰箱也会有所不同，这就是条件分支。

▶ 选择要购买的冰箱

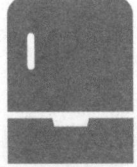

35 万日元

29 万日元

35万日元的冰箱比预算高，所以不买。29万日元的冰箱在预算之内就能买到。

根据条件的不同，之后的处理也会不同

‖

条件分支

使用if语句处理条件分支

在Python中表示条件分支时使用if语句。在if关键字后面需要留出1个半角空间，用于编写条件表达式。和for语句一样，缩进的行是分支后的处理。

要想在多个条件下进行分支操作，需要使用elif或else。需要添加条件时使用elif，在不符合if和elif中的任何一个条件时，会用到else。另外，程序会从上到下依次执行，如果符合任意一个条件，则在那个时间点执行代码块内的操作，之后的条件则不执行。

▶ if的写法

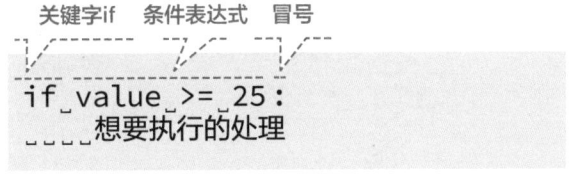

```
if value >= 25:
    想要执行的处理
```

▶ if、elif、else语句的组合

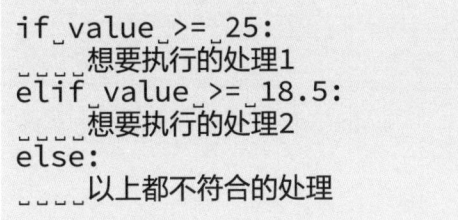

```
if value >= 25:
    想要执行的处理1
elif value >= 18.5:
    想要执行的处理2
else:
    以上都不符合的处理
```

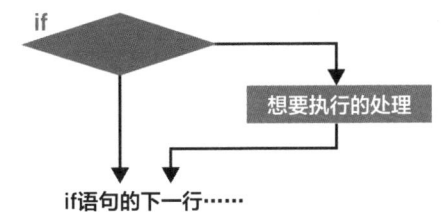

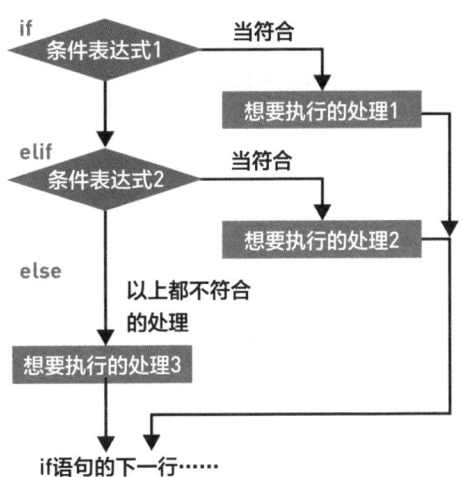

如果在中间添加elif，就可以增加很多分支。

表达式和比较运算符的写法

条件表达式可以使用类似于算术表达式的式子进行编写。

例如条件value >= 25表示"value变量的值在25以上吗？"。这种用于比较的符号叫作"比较运算符"。也可以进行数值以外的比较。例如，条件your_name == 'Takanori Suzuki'表示"your_name变量的值与Takanori Suzuki相等吗？"。这里需要注意的是，表示"相等"的比较运算符不是=而是==。在下面字符串比较的示例中，如果Takanori Suzuki和your_name的值相等，则显示"你是这本书的作者"。

▶ 与数值比较

```
if␣value␣>=␣25:······value在25以上吗？
␣␣␣␣print('值在25以上')
```

▶ 与字符串比较

```
if␣your_name␣==␣'Takanori␣Suzuki':······your_name是Takanori Suzuki吗？
␣␣␣␣print('你是这本书的作者')
```

▶ 比较运算符

运算符	说明
>	大于
<	小于
>=	大于等于
<=	小于等于
==	等于
!=	不等于

表示相等的==比较运算符和进行赋值的=经常出错，这里需要注意。

第 4 章　学习循环和条件分支

符合多个条件的表达式的写法

我们在编写程序的时候也可以将多个条件组合成表达式。想要编写符合两个以上条件的表达式时，可以用and连接。例如在if语句中只有符合"value大于等于25且your_name等于Takanori Suzuki"这个条件，才会执行后面的代码块。在多个条件的情况下，只要符合其中一个条件就可以执行后面的代码块，用or连接。

▶ and条件示例

```
if_value_>=_25_and_your_name_==_'Takanori_Suzuki':
____print('你是值在25以上的铃木先生')
```

▶ or条件示例

```
if_your_name_==_'Takanori_Suzuki'_or_your_name_==_'Takayuki_
Shimizukawa':
____print('你是这本书的作者之一')
```

▶ and条件和or条件的模式

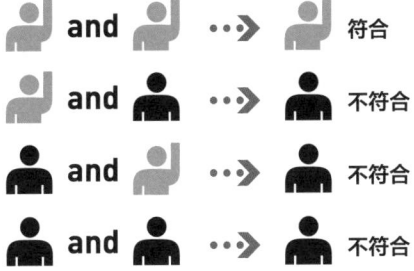
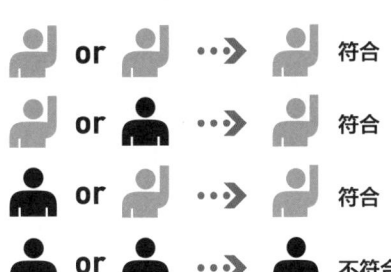

记住and条件是"○○且××"，or条件是"○○或××"。

→ 根据分值自动评估体重

下面根据BMI值编写判断"肥胖""标准体重""过瘦"的程序。将判断部分抽出来就是下面的程序。

▶ 判断条件

```
bmi␣=␣22
if␣bmi␣>=␣25:·············❶判断bmi是否大于25的表达式
␣␣␣␣result␣=␣'肥胖'·····❷当bmi大于25时执行该代码块
elif␣bmi␣>=␣18.5:········❸判断bmi是否小于25且大于等于18.5的表达式
␣␣␣␣result␣=␣'标准体重'
else:·················❹bmi小于18.5的情况
␣␣␣␣result␣=␣'⊠瘦'
print(f'BMI为{bmi}、判定结果为{result}。')
```

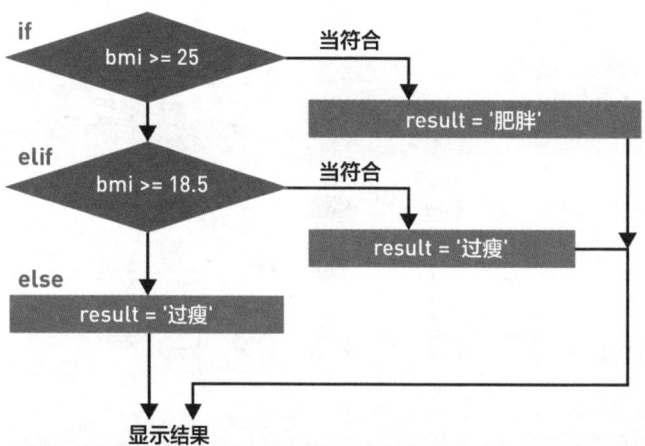

编写一个计算BMI的程序并输出肥胖指数

1 准备身高、体重数据 `bmi.py`

    首先创建一个名为bmi.py的文件。之后准备好身高和体重的数据吧。与前一节的做法稍有不同，这次使用标准输入接收体重数据。标准输入使用input()函数，用逗号分隔可以输入多个体重

❶。用逗号分隔输入的字符串，然后使用split()分割并存储在列表中❷。通过for语句将体重从字符串转换成数值存储到列表中❸。同样，输入身高数据也要转换成数值❹。

```
001  weights_str_=_input('请用逗号分隔输入体重(kg):_')
002  weight_str_list_=_weights_str.split(',')
003
004  weight_list_=_[]
005  for_weight_str_in_weight_str_list:
006  ____weight_=_int(weight_str)
007  ____weight_list.append(weight)
008
009  height_str_=_input('请输入身高(cm):_')
010  height_=_int(height_str)
```

1 用逗号分隔体重

2 用逗号分隔并将体重存储到列表中

3 将体重作为数据

4 输入身高

小贴士 用split()方法分割字符串

    例如，当你输入50,60,73时，weights_str中就会出现'50,60,73'这样的字符串。我们可以使用split()将其转换成列表。

    通过在split的()中指定分割字符（这里是逗号），将字符串分割后保存到列表中。

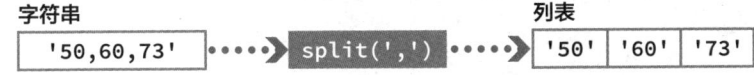

字符串 '50,60,73' ▸▸▸▸▸ split(',') ▸▸▸▸▸ 列表 '50' '60' '73'

2 | 编写条件表达式

接下来计算BMI，并编写判断计算结果的条件。BMI的计算公式是"体重(kg)÷身高（m）的平方"❶。完成计算后判断BMI的值。25以上为肥胖，18.5以上为标准体重，18.5以下为过瘦。使用if语句进行判断，并将结果赋值给result变量。如果不符合肥胖和标准体重，就是过瘦，因此需要使用else进行判断❷。最后使用print()输出结果就可以了❸。在命令提示符中输入python bmi.py运行程序文件。

```
006    ____weight_=_int(weight_str)
007    ____weight_list.append(weight)
008
009    height_str_=_input('请输入身高(cm):_')
010    height_=_int(height_str)
011
012    for_weight_in_weight_list:                      ① 计算BMI
013    ____bmi_=_weight_/_(height_/_100)_**_2
014    ____if_bmi_>=_25:                                ② 使用if、elif、else进行判断
015    _____result_=_'肥胖'
016    ____elif_bmi_>=_18.5:
017    _____result_=_'标准体重'
018    ____else:
019    _____result_=_'过瘦''
020    ____print(f'身高{height}cm、体重{weight}kg的BMI为{bmi}')   ③ 显示结果
021    ____print(f'判定结果为{result}。')
```

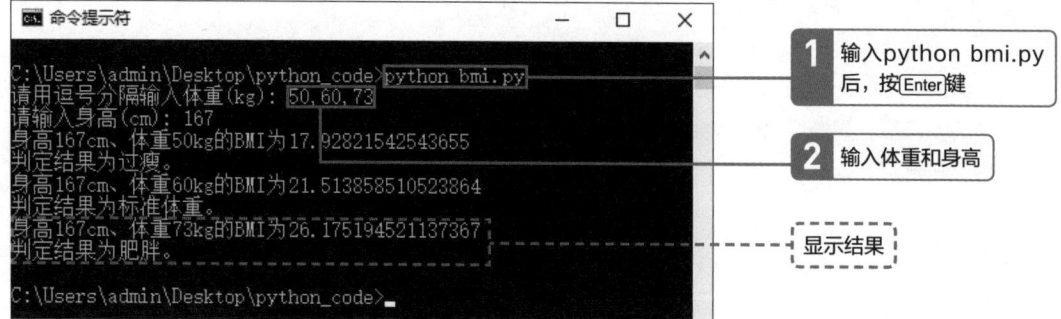

命令提示符

```
C:\Users\admin\Desktop\python_code>python bmi.py
请用逗号分隔输入体重(kg): 50,60,73
请输入身高(cm): 167
身高167cm、体重50kg的BMI为17.92821542543655
判定结果为过瘦。
身高167cm、体重60kg的BMI为21.513858510523864
判定结果为标准体重。
身高167cm、体重73kg的BMI为26.175194521137367
判定结果为肥胖。
C:\Users\admin\Desktop\python_code>_
```

① 输入python bmi.py 后，按 Enter 键

② 输入体重和身高

显示结果

if语句中的条件判断是程序的重要思想，这也是今后会长期使用的语法之一，所以好好掌握这一节中的内容吧。

096

第5章

学习字典和文件操作

接下来，我们学习Python中重要的数据类型——字典，以及在编程中非常重要的文件的输入和输出。

扫码看视频

[字典]

26 使用字典处理多个数据

学习要点

在中英字典中，为了从英语中查到对应中文的含义，存在一种以任意值为键，检索对应值的"字典"数据的功能。在这一节中，我们将学习Python中字典型（dict型）数据的基本使用方法。

➡ Python的"字典"

字典一般是写有很多词语和事物含义的书籍。某句话一定要有对应的含义。同样，Python中也存在用于将键和值联系起来的"字典型（dict型）"数据。

关键字为键（key），详细的说明部分为值（value）。在汉语字典中，key是要查找的单词，value是该单词的含义。将多个数据放入字典时，用逗号分隔法增加数据。

▶ 字典的键和值

字典 是

将多个词语和文字按照一定的标准排列，记录其表示方法、发音、来源、含义、用法等的书籍。汉语字典和……

键　　　　　值
{ key : value }

→ 字典的定义

像列表和元组一样，为了将数据汇总起来，使用括号将数据围起来。字典使用的是{}，然后在{}中放入字典数据。

写法和之前不同，字典中的键和值需要放在冒号的左右。

▶ 字典的写法

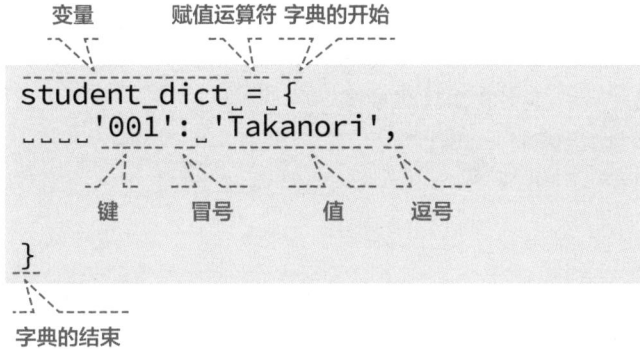

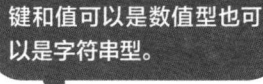
键和值可以是数值型也可以是字符串型。

▶ 字典的定义示例

```
student_dict = {
    '001': 'Takanori', ······定义键和值
    '002': 'Takayuki',
    '003': 'Mitsuki',
}
```

→ 从字典中获取数据

想要从字典中获取数据，只需要在表示字典的变量后面加上用[]围起来的键即可。

类似于从列表和元组中获取数据。

▶ 获取数据

```
student_name = student_dict['001'] ······根据键001获取值Takanori
print(f'学生的名字是{student_name}。')
```

→ 向字典中添加数据

　　如果需要向已经创建好的字典中添加数据，可以在表示字典的变量后面用[]定义一个键，然后将值赋给该变量就可以了。这里需要注意的是，如果对相同的键添加不同的值，那么之前的值会被覆盖。要想避免这种情况，键就要对应唯一的值（不重复）。例如，在记录班级学生数据时，为了避免重复，将分配的学号作为键。如果没有弄清楚字典的这一特性，就会出现意想不到的值。因此，要牢记这一点。

▶ 添加数据

```
student_dict['004'] = 'Haruo'······将新的值赋给新的键
new_student_name = student_dict['004']
print(f'新添加的学生是{new_student_name}。')
```

▶ 重写数据

```
student_dict['001'] = 'Hiroyuki'······对现有的键重新赋值
overwritten_name = student_dict['001']
print(f'被重写之后的名字是{overwritten_name}。')
```

→ 字典的循环操作和长度的获取

　　在循环操作字典中的所有数据时，与列表和元组一样，使用第24节中介绍的for语句。如果向for语句传递字典数据，就可以一一取出字典中的键。另外，使用len()函数可以获取字典中元素的数量。

▶ 字典数据和for语句、len()函数

```
for key in student_dict:··········按顺序代入键
    value = student_dict[key]······取出值
    print(f'顺序{key}的名称是{value}。')
number = len(student_dict)········获取字典的元素数
print(f'学生人数是{number}。')
```

○ 制作显示学生成绩评估结果的程序

1 准备包含学生学号和分数的字典数据 `05_dict.py`

首先创建一个名为05_dict.py的文件。然后准备学生学号和分数的数据。因为学号和分数是一对一的关系，所以使用字典汇总数据。这次为了不重复，以学生的学号为键，以分数为值。假设分数一旦被评估就不会改变，所以这里使用汇总不变数据的元组存储分数❶。

```
001  point_dict_=_{
002  ____'001':_(100,_88,_81),
003  ____'002':_(77,_94,_85),
004  ____'003':_(80,_52,_99),
005  }
```

1 使用字典存储学号和分数

学习字典和文件操作

小贴士　字典的键和值

数值型、字符串型自不必说，列表型、元组型、字典型等都可以创建值。但是，键只能指定不变的值。例如，可以指定数字和元组等，但是列表和字典不能作为字典的键。

👍 要点　便利的多重赋值

在Python中，有一种可以将多个值汇总赋值的功能称为多重赋值。在多重赋值中，等号的左侧是用逗号隔开的变量名，右侧可以是元组和列表。这样就可以取出元组和列表中的数据，赋给各个变量。通过使用多重赋值，一行就可以写出简洁的程序。另外，在阅读程序时也更容易理解变量中的值。

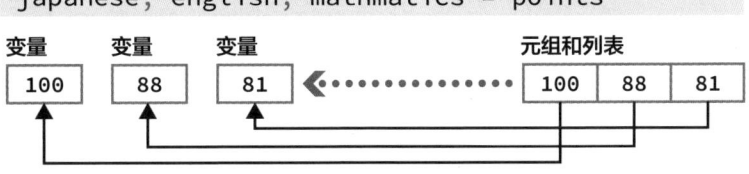

```
japanese, english, mathmatics = points
```

变量 `100`　变量 `88`　变量 `81`　◀⋯⋯⋯⋯　元组和列表 `100` `88` `81`

2 循环处理字典中的数据

使用for语句循环处理并取出字典中的数据。和列表一样，将字典变量放在in的后面❶。但是和列表不同的是，只有键是被循环操作的对象（这次是student_id）。之后利用键（学号）从字典中取出分数❷。另外，为了评估分数，我们还需要知道课程的数量，所以利用len()函数获取课程数量。元组也可以使用len()函数❸。

points中有元组型的分数，我们需要将它们赋值给对应的课程变量。通过多重赋值，可以将值统一进行赋值。根据分数的数量，准备好对应的变量个数，用等号进行赋值。将变量的定义顺序和元组或列表中的数据按顺序进行赋值❹。课程变量赋值后，计算总分❺。

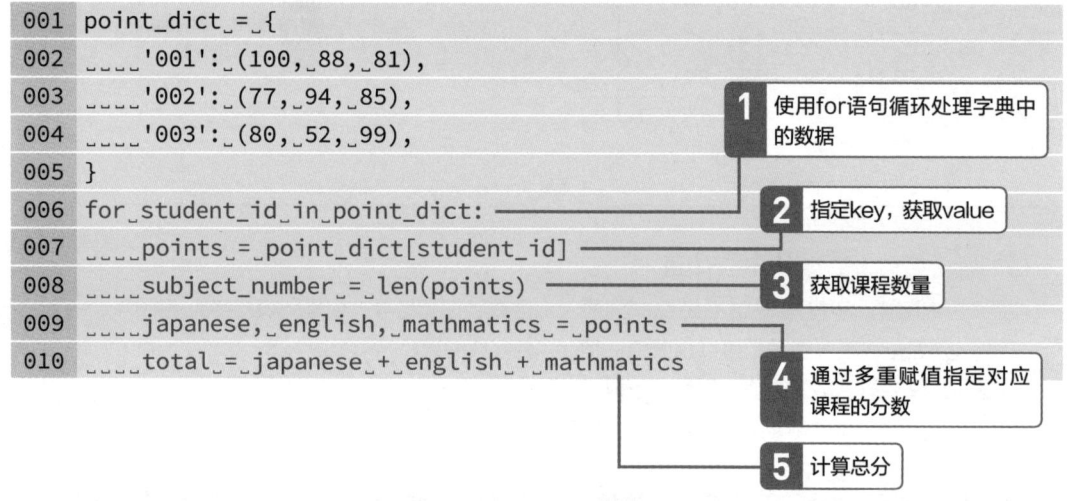

```
001  point_dict_=_{
002  ____'001':_(100,_88,_81),
003  ____'002':_(77,_94,_85),
004  ____'003':_(80,_52,_99),
005  }
006  for_student_id_in_point_dict:
007  ____points_=_point_dict[student_id]
008  ____subject_number_=_len(points)
009  ____japanese,_english,_mathmatics_=_points
010  ____total_=_japanese_+_english_+_mathmatics
```

1 使用for语句循环处理字典中的数据

2 指定key，获取value

3 获取课程数量

4 通过多重赋值指定对应课程的分数

5 计算总分

len()函数可以计算元组和列表中存储的数据的数量、字符串的长度等。

第5章 学习字典和文件操作

3 根据条件对学生的分数进行评估

接下来编写评估分数的部分。由于需要对每个学生进行评估，所以评估的部分也需要循环操作。做法很简单，只需要在for语句中插入if语句即可①。不要忘记插入半角空格。

评估的标准是所有课程的总分在八成以上为Excellent，八成以下六成半以上为Good，除此之外的较低分数为Bad。将评估标准的值赋给变量②。之后只需要在if语句中加入评估条件，写出对应的处理操作就可以了。最后输出评估结果，还可以尝试输出平均分。在命令提示符中输入python 05_dict.py运行程序，查看输出结果③。

```
001  point_dict_=_{
002  ____'001':_(100,_88,_81),
003  ____'002':_(77,_94,_85),
004  ____'003':_(80,_52,_99),
005  }
006  for_student_id_in_point_dict:
007  ____points_=_point_dict[student_id]
008  ____subject_number_=_len(points)
009  ____japanese,_english,_mathmatics_=_points
010  ____total_=_japanese_+_english_+_mathmatics
011
012  ____excellent_=_subject_number_*_100_*_0.8
013  ____good_=_subject_number_*_100_*_0.65
014
015  ____if_total_>=_excellent:
016  _____evaluation_=_'Excellent!'
017  ____elif_total_>=_good:
018  _____evaluation_=_'Good'
019  ____else:
020  _____evaluation_=_'Bad'
021  ____print(f'学号{student_id}: 总分是{total},
        评估结果是{evaluation}。')
```

2 将评估标准赋值给变量

1 在循环操作中使用条件分支

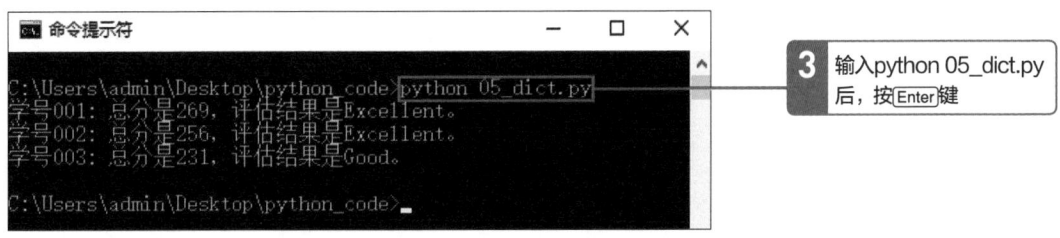

3 输入python 05_dict.py 后，按 Enter 键

第 **5** 章

学习字典和文件操作

103

27 使用程序读取文件

学习要点

到目前为止，我们都是在一个程序编写数据和操作。接下来，将数据和处理操作分成不同的文件，从写有处理的程序中读取写有数据的文件。文件的读取分为"打开""读取"和"关闭"三个步骤。

→ 将数据分割成不同的文件

文件是用于将各种信息集中在一起的东西。例如计算机上的视频、我们编写的Python程序文件等。

到目前为止，我们都是通过一个文件中的信息运行程序，但是规模大的系统需要在多个文件之间传输数据。

在这一节中，我们将学习如何从其他文件中读取并处理数据，就像之前在描述Python程序的文件中写入数据以及从标准输入中获取数据一样。

▶ 文件的多种类型

文章、视频、音乐、图片……
这些都是"文件"

➔ 使用open()函数打开文件

为了从程序中读取文件内的数据，我们需要打开文件。在Python中，使用open()函数打开

文件。将函数的返回值赋给变量后，使用该变量操作文件。

▶ open()函数

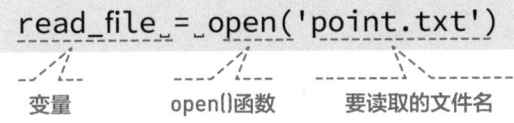

```
read_file = open('point.txt')
```

变量　　　　open()函数　　　要读取的文件名

open()函数的返回值包含了操作前端所需的东西。

➔ 使用方法操作文件

做好了打开文件读取内容的准备后，为了读取文件中的数据，我们使用read()方法。

读取文件之后，还需要从程序中关闭打开的文件。使用open()打开文件后，一定要用

close()关闭文件。计算机同时打开文件的数量有上限。如果不关闭文件的话，某个时候文件就会无法打开。

▶ 读取文件内容的read()方法

```
data = read_file.read()
```

读取数据放入变量　　包含文件的变量　　read()方法

▶ 关闭文件的close()方法

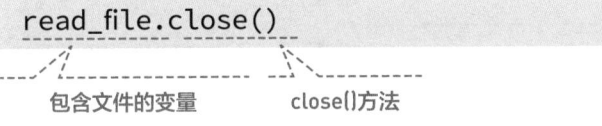

```
read_file.close()
```

包含文件的变量　　　　close()方法

在实际操作的时候最后往往会忘记关闭文件。推荐使用with语句自动关闭文件（参考第125页）。

● 编写读取文件的程序

1 制作写入数据的文件 `point.txt`

首先创建从程序读取的对象文件。文件的内容是学生的姓名和3个课程的考试分数。创建名为point.txt的文件，用逗号分隔输入的姓名和考试分数。输入数据后保存文件。

```
001  Takanori_Suzuki,100,88,81
002  Takayuki_Shimizukawa,77,94,85
003  Mitsuki_Sugiya,80,52,99
```

> 请务必把数据文件和程序文件保存在同一个文件夹里。

2 读取文件 `file_read.py`

然后创建一个程序文件，用于读取point.txt中的数据。请创建名为file_read.py的文件。

编写程序，指定文件名，使用open()函数打开文件，将文件信息赋值给open_file变量❶。

将使用read()方法从文件信息中获取的数据赋给data变量❷。获取数据后，关闭打开的文件❸。最后使用print()函数显示获取的数据❹。

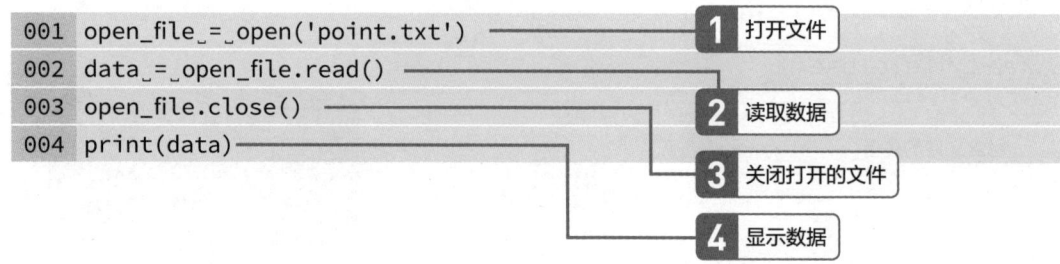

```
001  open_file_=_open('point.txt')       ┤1 打开文件
002  data_=_open_file.read()              ┤
003  open_file.close()                    ┤2 读取数据
004  print(data)                          ┤
                                           3 关闭打开的文件
                                           4 显示数据
```

3 运行程序

在命令提示符中输入python file_read.py运
行程序❶。确认point.txt文件的内容已被读取并

正确输出。

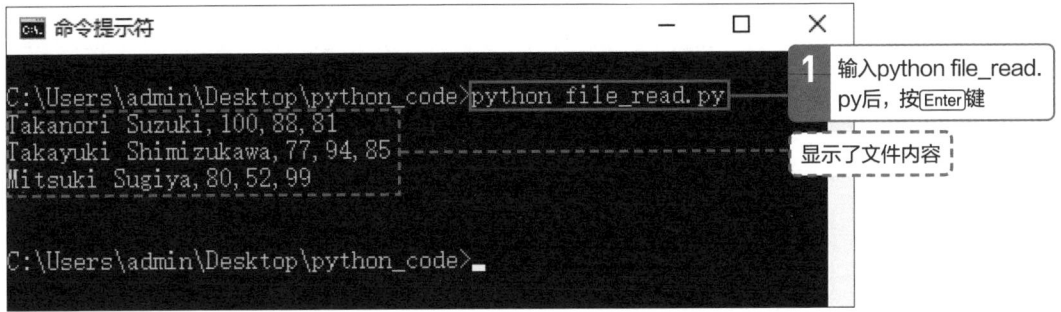

4 文件不存在的情况

在执行程序时需要将file_read.py和point.
txt放入同一个文件夹中，然后将该文件夹设置为
当前文件夹（参考第46页）再执行程序。

如果在当前文件夹中不存在point.txt的
状态下运行file_read.py程序文件，则会提示
FileNotFoundError错误，表示找不到文件。

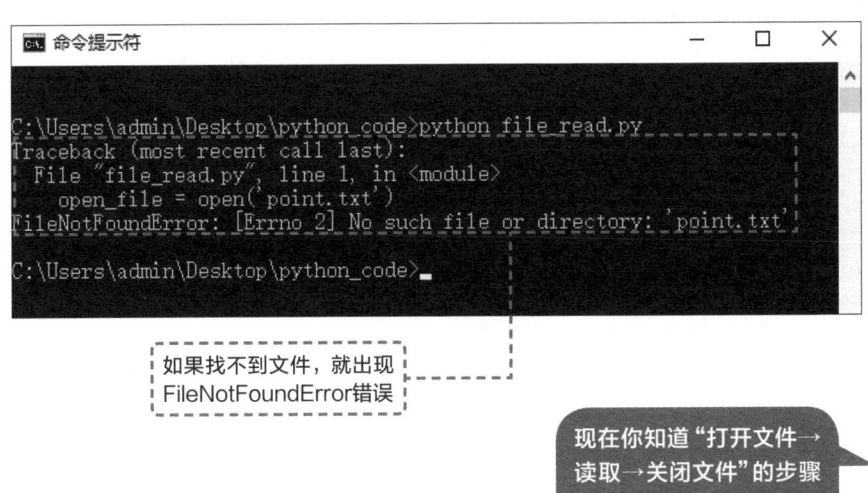

[文件的输出]

28 将程序的执行结果写入文件中

扫码看视频

学习要点

在上一节中，我们已经知道如何从程序中读取文件了。接下来试着把程序的执行结果写入到文件吧。在文件的写入操作中，文件的打开方式和使用方法会发生变化。

→ 打开文件时的模式

读取文件时使用了open()函数，向文件写入数据时也同样打开文件就可以了吗？答案是No。在第27节中，文件是用来读取的。你对文件进行写入时，需要指示它是用来写入的。

打开文件的方式被称为模式。打开文件用于读取称为"读取模式"，写入则称为"写入模式"。

▶ **根据打开文件的方式使用不同的模式**

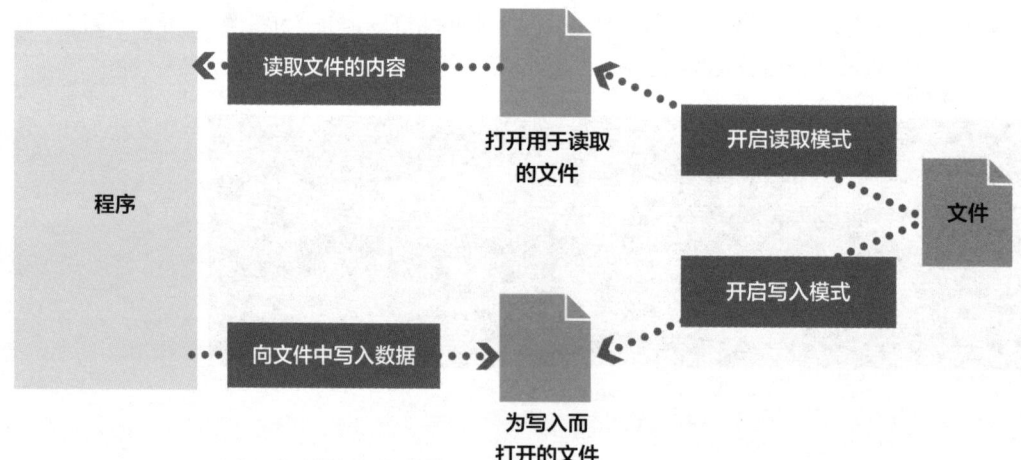

第 5 章　学习字典和文件操作

→ 在写入模式下打开文件

为了在写入模式下打开文件，需要在open()函数第2个参数的位置指定表示模式的字符串。指定w（write的首字母）就可以在写入模式下打开文件。

这样就做好了打开文件写入数据的准备。write()方法用于向打开的文件写入数据。关闭文件时同样使用close()方法。

▶ open()函数

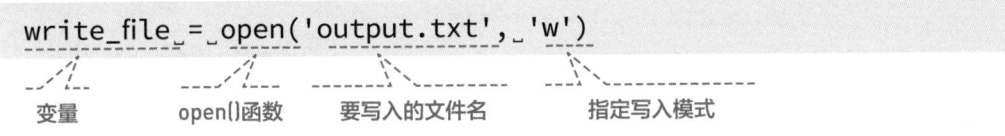

```
write_file = open('output.txt', 'w')
```

变量　　　　open()函数　　要写入的文件名　　　指定写入模式

▶ 将数据写入文件的write()方法

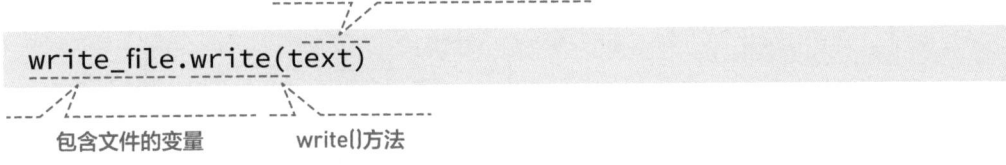

包含想要写入的字符串的变量

```
write_file.write(text)
```

包含文件的变量　　　write()方法

→ 写入模式是保存重写

文件的写入模式有两种。一种是在没有文件的情况下创建新的文件，另一种是经常重写并保存。

在程序中执行open('output.txt', 'w')时，open()函数会在文件不存在的情况下新建一个

名为output.txt的文件，并在写入模式下将其打开。

如果output.txt文件已经存在，执行open('output.txt', 'w')时，open()函数会删除文件中所有的内容。

现在了解文件的模式了吗？请注意不要在写入模式下将重要的文件内容删除。

● 编写文件写入的程序

1 把数据写入文件 `file_write.py`

创建一个名为file_write.py的程序文件，编写一个将数据写入文件的程序。

指定要写入的文件名，用open()函数打开文件。将模式指定为w（写入模式）❶。使用write()方法将数据写入文件❷。最后关闭文件❸。

```
001  write_file_=_open('output.txt',_'w')
002  write_file.write('Hello_World!')
003  write_file.close()
```

1 在写入模式下打开文件

2 写入数据

3 关闭文件

2 执行程序

在命令提示符中输入python file_write.py运行程序❶。

在命令提示符中输入"type 文件名"可以显示文件内容（macOS中是cat 文件名）❷。在运行程序文件之后，确认创建了文件。

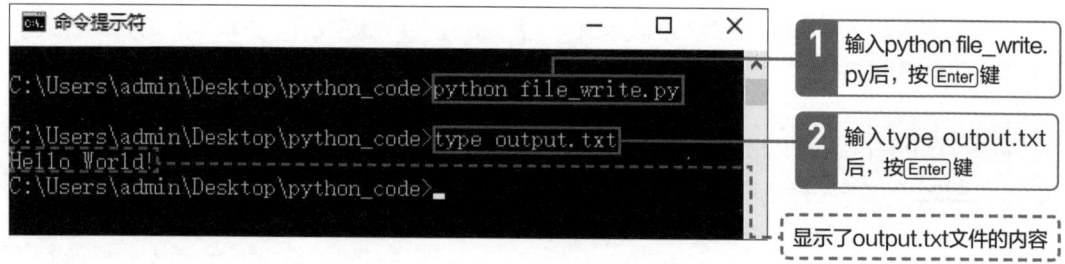

命令提示符 — □ ×

```
C:\Users\admin\Desktop\python_code>python file_write.py

C:\Users\admin\Desktop\python_code>type output.txt
Hello World!
C:\Users\admin\Desktop\python_code>
```

1 输入python file_write.py后，按 Enter 键

2 输入type output.txt后，按 Enter 键

显示了output.txt文件的内容

3 确认文件内容是否被重写

为了确保文件内容被重写，将file_write.py程序文件中的第2行字符串从World改成Python❶。

在命令提示符中重新运行file_write.py文件，确认文件内容被重写❷❸。

```
001  write_file_=_open('output.txt',_'w')
002  write_file.write('Hello_Python!')
003  write_file.close()
```

1 改写信息

2 输入python file_write.py后，按Enter键

3 输入type output.txt后，按Enter键

output.txt文件的内容被重写了

4 写入多个数据

我想大家已经理解了对于在写入模式下打开的文件，使用write()方法可以写入数据。在编写程序时，有时需要将大量数据写入文件中，这时该怎么办呢？

由于write()方法可以多次执行，所以可以像下面这样多次调用该方法写入多个数据❶。

在命令提示符中执行python file_write查看文件内容。你会发现有一行字符串Hello World! Hello Python!被写入文件中❷❸。

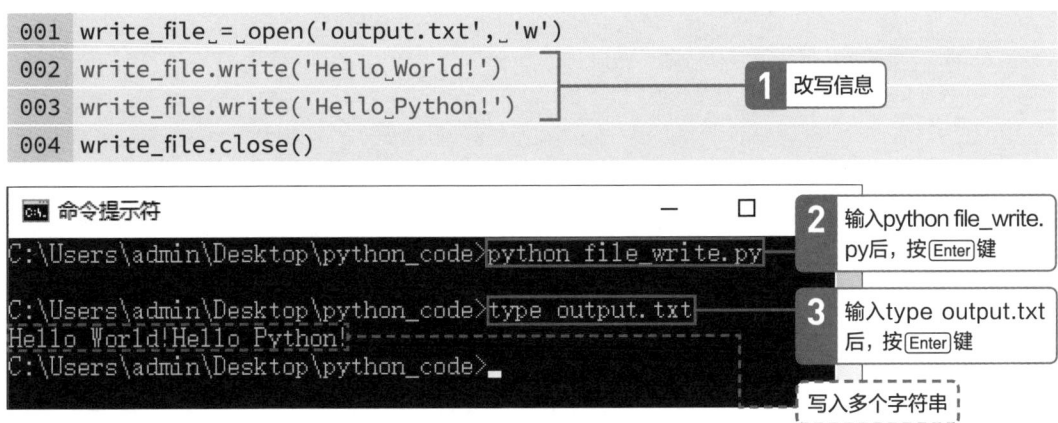

```
001  write_file_=_open('output.txt',_'w')
002  write_file.write('Hello_World!')
003  write_file.write('Hello_Python!')
004  write_file.close()
```

1 改写信息

2 输入python file_write.py后，按Enter键

3 输入type output.txt后，按Enter键

写入多个字符串

5 写入多行数据

与print()函数不同，write()方法写入文件时，字符串不会自动换行。为了将多行字符串写入文件，我们需要写入换行字符。

换行代码很难用字符串来表示，所以在Python中用\n表示换行字符。

在字符串的末尾添加换行字符❶，然后在命令提示符中再次运行file_write.py文件，确认文件中的内容已经换行❷❸。

```
001  write_file_=_open('output.txt',_'w')
002  write_file.write('Hello_World!\n')
003  write_file.write('Hello_Python!\n')
004  write_file.close()
```

1 追加换行字符

命令提示符

```
C:\Users\admin\Desktop\python_code>python file_write.py

C:\Users\admin\Desktop\python_code>type output.txt
Hello World!
Hello Python!

C:\Users\admin\Desktop\python_code>
```

2 输入python file_write.py后，按Enter键

3 输入type output.txt后，按Enter键

写入了换行字符串

现在可以将程序的执行结果输出到文件中了！

小贴士　字符串中反斜杠的作用

反斜杠（\）用于表示特殊的字符串。例如，包含单引号的字符串可以写成'I\'m Takanori'（如果是双引号的字符串，则写成"I'm Takanori"会更容易理解）。

另外，还有表示缩进的\t。如果想在字符串中包含反斜杠，就写上两个反斜杠（\\）。

```
print('\\')······输出结果为\
```

要点　比close()更便捷地关闭文件的方式

像下面的程序一样，每次打开文件之后用close()方法关闭文件，我觉得很麻烦。

但是，根据系统的不同，打开文件的数量有上限，所以适当地使用close()方法关闭文件很重要。

```
open_file␣=␣open('point.txt')
data␣=␣open_file.read()
open_file.close()
```

使用with语句的话，文件用完后就能自动关闭。在with语句中打开文件时，open()函数的返回值会被赋给as之后的变量。之后会在缩进范围内打开文件，进行读取等操作。停止缩进后文件会自动关闭。在下面的程序中，第1行用于打开文件，第2行读取文件，第3行自动关闭文件并显示其内容。

```
with␣open('point.txt')␣as␣open_file:······使用with语句打开文件
␣␣␣␣data␣=␣open_file.read()
print(data)·································退出缩进，自动关闭文件
```

[追加模式]

29 | 将数据追加到文件中

学习要点

在文件的写入模式下，即使文件内容存在也会被全部删除重写。在这一节中，将学习在文件末尾追加内容的追加模式。虽然和向文件中写入新内容时几乎一样，但是模式的不同也会导致结果的不同。

➡️ 使用追加模式向现有文件中追加内容

在打开文件时，有一种可以在写入时进行追加内容的追加模式。表示追加模式的字符串是a（append的首字母）。使用追加模式可以在已存在文件的末尾追加数据。写入数据和之前一样使用write()方法。另外，追加模式也会在文件不存在的情况下新建文件。

▶ **在追加模式下打开文件**

```
append_file = open('output.txt', 'a')
```

变量　　　　　open()函数　　要写入的文件名　　　指定追加模式

使用追加模式向文件写入数据的话，被追加的内容会在现有文件的末尾。好好区分文件的读取、写入和追加吧。

第
5
章

学习字典和文件操作

● 编写追加文件内容的程序

1 把数据追加到文件中 `file_append.py`

创建一个名为file_append.py的程序文件，编写一个将数据追加到文件的程序。

指定要写入的文件名，用open()函数打开文件。将模式指定为a（追加模式）❶。使用write()方法将数据追加写入到文件中❷。最后关闭文件❸。

```
001  append_file␣=␣open('output.txt',␣'a')
002  append_file.write('Hello␣Atom!\n')
003  append_file.close()
```

1 在追加模式下打开文件

2 写入数据

3 关闭文件

2 执行程序

在命令提示符中输入python file_append.py运行程序❶。

在命令提示符中输入"type 文件名"确认文件的内容（macOS中是cat文件名）❷。在运行程序文件之后，确认在文件的末尾追加了新的内容。当多次运行程序时，会有更多内容被追加进去。

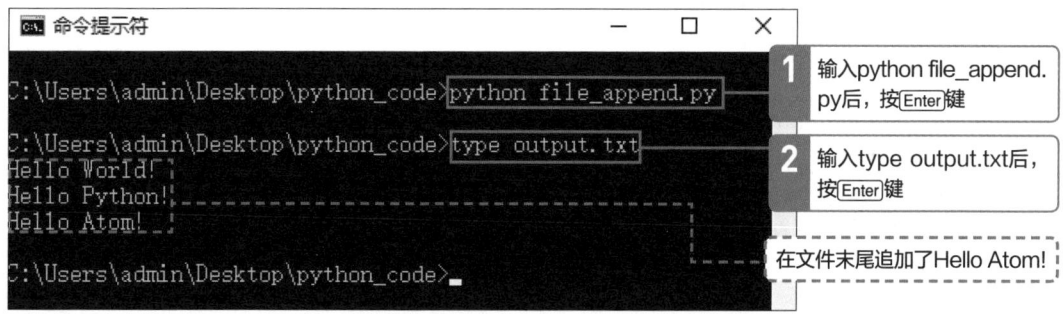

命令提示符

```
C:\Users\admin\Desktop\python_code>python file_append.py
C:\Users\admin\Desktop\python_code>type output.txt
Hello World!
Hello Python!
Hello Atom!

C:\Users\admin\Desktop\python_code>
```

1 输入python file_append.py后，按Enter键

2 输入type output.txt后，按Enter键

在文件末尾追加了Hello Atom!

30 创建一个使用字典和文件输入输出的程序

扫码看视频

学习要点

作为第5章的总结，在这里将会编写使用文件输入输出和字典数据的成绩评估程序。虽然程序有点儿长，但是集成了到目前为止学习过的数据类型、控制语句等内容。一起加油动手操作吧。

→ 分割字符串

用于分割字符串的split()方法返回以任意字符分割的列表。在下面的程序中分隔字符指定冒号(:)和逗号(，)来分割字符串。在不指定分隔符的情况下，用半角空格、制表符(\t)、换行(\n)等表示空白的字符进行分割。另外，全角空格也会被认为是表示空白的字符。

另外，分割字符串的方法还有splitlines()。

这是一种按换行方式分割字符串，以列表形式返回的方法。在逐行读取文件数据时很方便。虽然split('\n')也可以进行同样的处理，但是如果文件末尾有换行代码的话，会产生多余的数据，会造成错误。splitlines()可以很好地处理换行，对文件的读取操作很有帮助。

▶ 使用splitlines()方法分割字符串

```
text1_=_'Takanori_Suzuki:100,88,81'
colon_splitted_=_text1.split(':')······结果为[ 'Takanori Suzuki', '100,88,81']
comma_splitted_=_text1.split(',')······结果为[ 'Takanori Suzuki:100', '88', '81']
text2_=_'Takanori_Suzuki__100__88_81'
splitted_=_text2.split()··········结果为[ 'Takanori', 'Suzuki', '100', '88', '81']
```

▶ 使用split()方法分割字符串

```
fruits_list_=_'Apple,_100\nOrange,_120\n'.splitlines()
··········['Apple,_100','Orange,_120']

fruits_list_=_'Apple,_100\nOrange,_120\n'.split('\n')
··········结果为[ 'Apple,_100', 'Orange,_120', '' ], 末尾加入了多余的空字符串
```

编写成绩评估程序

1 准备数据文件 `point.txt`

创建一个名为point.txt的文件作为数据文件。在文件中，使用冒号分隔每一行数据中的名字和分数。另外，在分数方面，以逗号分隔多个课程的分数。

```
001  Takanori_Suzuki:100,88,81
002  Takayuki_Shimizukawa:77,94,85
003  Mitsuki_Sugiya:80,52,99
```

2 读取文件 `05_file.py`

接下来我们要创建一个名为05_file.py的程序文件，用于读取point.txt文件中的数据。使用open()函数打开文件，将文件信息赋给变量open_file❶。

使用read()方法读取文件数据并将其赋给data变量❷。因为已经获取到了数据，所以可以关闭文件❸。文件中包含了多行数据。使用splitlines()方法将数据转换成列表❹。

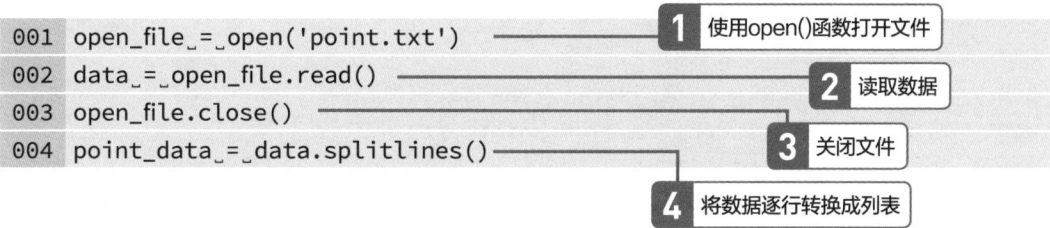

```
001  open_file_=_open('point.txt')
002  data_=_open_file.read()
003  open_file.close()
004  point_data_=_data.splitlines()
```

1 使用open()函数打开文件
2 读取数据
3 关闭文件
4 将数据逐行转换成列表

3 将读取的数据追加到字典中

为了便于程序的处理，将从文件读取的数据添加到字典中吧。这次的字典数据是从point.txt中读取的数据。创建第1个用于存储数据的空字典point_dict❶。目前的这个空字典是为了添加数据而创建的，记为{}（参考第147页）。按照前面的步骤制作的列表变量point_data，名字和分数以逗号分隔存储。为了将它们逐个添加到字典中，这里使用for循环语句❷。用冒号将字符串分隔成"名字"和"分数"❸。以名字为键，以分数为值，添加到字典point_dict中❹。

```
001   open_file_=_open('point.txt')
002   data_=_open_file.read()
003   open_file.close()
004   point_data_=_data.splitlines()
005
006   point_dict_=_{}
007   for_line_in_point_data:
008   ____student_name,_points_str_=_line.split(':')
009   ____point_dict[student_name]_=_points_str
```

1 空字典

2 逐行处理

3 用冒号分隔

4 向字典中添加数据

4 计算总分和平均分

接下来根据point_dict中的分数计算总分和平均分。

创建字典score_dict保存总分和平均分❶。在for语句中循环处理point_dict。在变量student_name中，以名字作为键❷。因为可以使用point_dict[student_name]获取分数字符串，所以可以用逗号将其分隔，制作分数列表❸。

从分数列表中计算出课程数量（subject_number）、总分（total）和平均分（average）❹。

最后，我们将计算出总分、平均分和课程数量，并保存到score_dict中❺。

```
006   point_dict_=_{}
007   for_line_in_point_data:
008   ____student_name,_points_str_=_line.split(':')
009   ____point_dict[student_name]_=_points_str
010
011   score_dict_=_{}
012   for_student_name_in_point_dict:
013   ____point_list_=_point_dict[student_name].split(',')
014   ____subject_number_=_len(point_list)
015   ____total_=_0
016   ____for_point_in_point_list:
017   _____total_=_total_+_int(point)
018   ____average_=_total_/_subject_number
019   ____score_dict[student_name]_=_(total,_average,_subject_number)
```

1 空字典

2 循环处理分数数据

3 循环处理分数数据

4 计算分数

5 向字典中添加数据

第 **5** 章

学习字典和文件操作

5 编写评估结果

以总分为基础，通过条件分支语句获取表示评估结果的字符串。

创建用于保存评估结果的空字典evaluation_dict❶。在for语句中循环操作之前生成的总分、平均分等字典数据❷。字典中的值以元组的形式包含了总分、平均分、课程数，因此需要提取必要的数据❸。使用课程数计算作为评估基准的分数。八成以上评估为Excellent；六成半以上为Good；两个条件都不满足的话，评估为Bad❹。最后将评估结果添加到字典中❺。

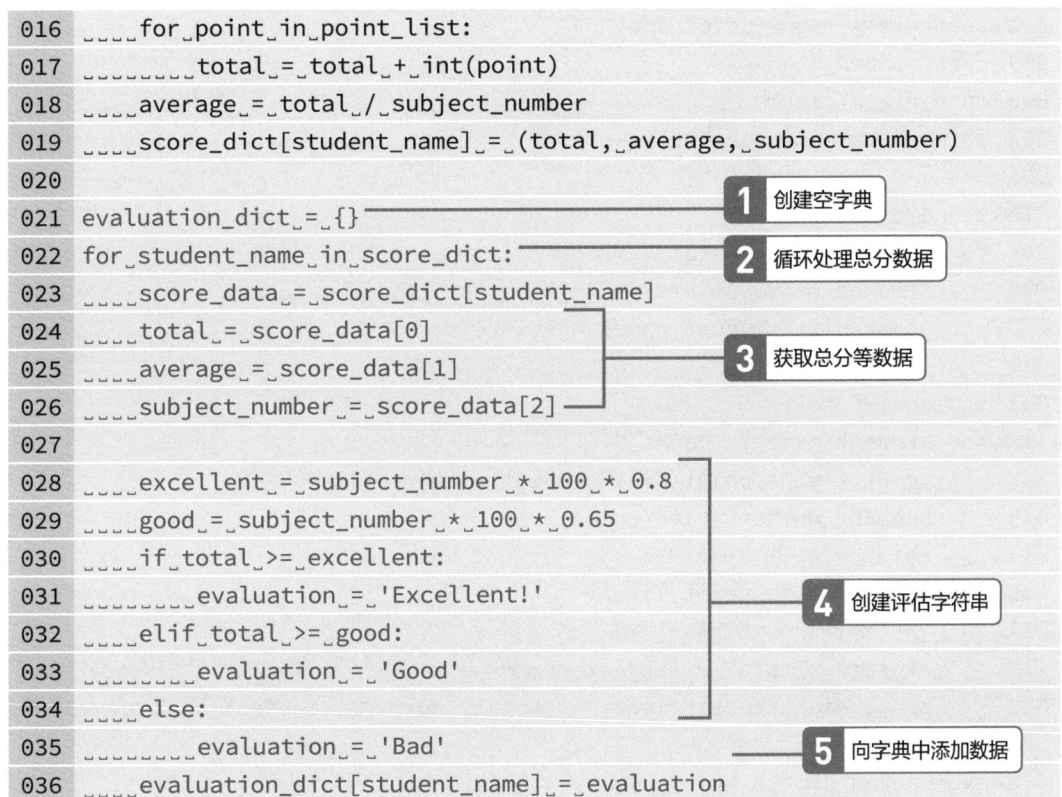

```
016    for point in point_list:
017        total = total + int(point)
018    average = total / subject_number
019    score_dict[student_name] = (total, average, subject_number)
020
021 evaluation_dict = {}
022 for student_name in score_dict:
023     score_data = score_dict[student_name]
024     total = score_data[0]
025     average = score_data[1]
026     subject_number = score_data[2]
027
028     excellent = subject_number * 100 * 0.8
029     good = subject_number * 100 * 0.65
030     if total >= excellent:
031         evaluation = 'Excellent!'
032     elif total >= good:
033         evaluation = 'Good'
034     else:
035         evaluation = 'Bad'
036     evaluation_dict[student_name] = evaluation
```

1 创建空字典

2 循环处理总分数据

3 获取总分等数据

4 创建评估字符串

5 向字典中添加数据

6 把结果输出到文件中

因为已经生成了表示评估结果的字符串，所以要将结果输出到文件中。

首先，在写入模式下打开用于保存结果的文件❶。然后，对记录总分和平均分的字典score_dict进行循环操作❷。从score_dict中取出总分❸，从evaluation_dict中获取评估结果❹。因为两个字典使用了相同的键（名字），所以可以通过一个for语句操作。将获取的数据（名字、总分、评估结果）汇总成字符串，写入文件❺。最后关闭文件就完成了该程序❻。

```
001  open_file_=_open('point.txt')
002  data_=_open_file.read()
003  open_file.close()
004  point_data_=_data.splitlines()
005
006  point_dict_=_{}
007  for_line_in_point_data:
008  ____student_name,_points_str_=_line.split(':')
009  ____point_dict[student_name]_=_points_str
010
011  score_dict_=_{}
012  for_student_name_in_point_dict:
013  ____point_list_=_point_dict[student_name].split(',')
014  ____subject_number_=_len(point_list)
015  ____total_=_0
016  ____for_point_in_point_list:
017  _____total_=_total_+_int(point)
018  ____average_=_total_/_subject_number
019  ____score_dict[student_name]_=_(total,_average,_subject_number)
020
021  evaluation_dict_=_{}
022  for_student_name_in_score_dict:
023  ____score_data_=_score_dict[student_name]
024  ____total_=_score_data[0]
025  ____average_=_score_data[1]
026  ____subject_number_=_score_data[2]
027
028  ____excellent_=_subject_number_*_100_*_0.8
```

第 5 章　学习字典和文件操作

```
029    ____good_=_subject_number_*_100_*_0.65
030    ____if_total_>=_excellent:
031    _____evaluation_=_'Excellent!'
032    ____elif_total_>=_good:
033    _____evaluation_=_'Good'
034    ____else:
035    _____evaluation_=_'Bad'
036    ____evaluation_dict[student_name]_=_evaluation
037
038    file_name_=_'evaluation.txt'                           1  打开文件
039    output_file_=_open(file_name,_'w')
040    for_student_name_in_score_dict:                        2  循环处理总分数据
041    ____score_data_=_score_dict[student_name]
042    ____total_=_score_data[0]                              3  获取总分
043
044    ____evaluation_=_evaluation_dict[student_name]         4  获取评估结果
045
046    ____text = f'[{student_name}] total: {total}, evaluation:
       {evaluation}\n'
047    ____output_file.write(text)                            5  写入结果
048
049    output_file.close()                                    6  关闭文件
050    print(f'将评估结果输出到{file_name}中。')
```

我们也可以在for语句中执行所有的处理操作。
但是，像这样按步骤进行处理的话，很容易确认
中间的字典数据，也可以确认操作是否正确。

7 完成文件的输入输出

这样就完成了将每个学生的考试成绩评估结果输出到文件的程序。试着输入python 05_file.py运行程序文件吧❶❷。文件中有结果吗?

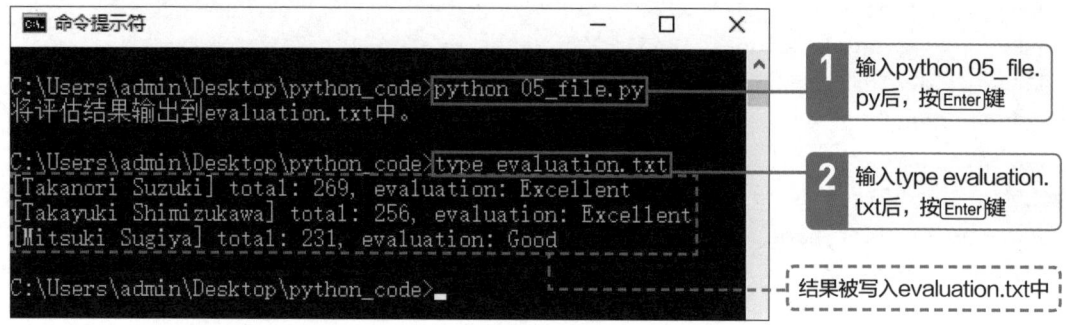

命令提示符
C:\Users\admin\Desktop\python_code>python 05_file.py
将评估结果输出到evaluation.txt中。
C:\Users\admin\Desktop\python_code>type evaluation.txt
[Takanori Suzuki] total: 269, evaluation: Excellent
[Takayuki Shimizukawa] total: 256, evaluation: Excellent
[Mitsuki Sugiya] total: 231, evaluation: Good
C:\Users\admin\Desktop\python_code>
1 输入python 05_file.py后，按Enter键
2 输入type evaluation.txt后，按Enter键
结果被写入evaluation.txt中

要点 字典的键可以用来做什么?

在之前介绍的程序中，字典是以下面这种形式出现的。

字典的键001是字符串。到目前为止，本书出现的字典的键都是字符串。

```
point_dict = {
    '001': (100, 88, 81),
    '002': (77, 94, 85),
    '003': (80, 52, 99),
}
```

字典的键除了字符串以外，还可以使用数字和元组。上述字典中的键也可以像下面这样把键变成数值。根据前后的处理情况，可以分别使用字符串、数字、元组。另外，请注意列表和字典不能用作字典的键。

```
point_dict = {
    1: (100, 88, 81),
    2: (77, 94, 85),
    3: (80, 52, 99),
}
```

第 **6** 章

制作对话bot

到第5章为止，我们已经学习了使用Python编写程序的基本方法。在第6章中，将会通过制作对话bot学习使用函数等更高级的方式编写程序。

[认识bot]

31 了解什么是对话bot

扫码看视频

学习要点

在这一章中，通过制作对话bot依次说明使用Python制作更高级程序的方法。在此之前，我们先来了解一下bot程序是什么，以及它的作用。

➡ 什么是bot?

bot是代替人进行某种工作的程序。这个词来源于机器人（ROBOT）。bot可以做各种各样的工作，例如，为Google等搜索引擎搜集页面信息的bot、在Twitter上发言的bot、进行股票买卖的bot等。这次制作的是与人对话的bot，也被称为聊天机器人。它可以对其他人的发言自动做出某种回答。

▶ 对话bot与人对话

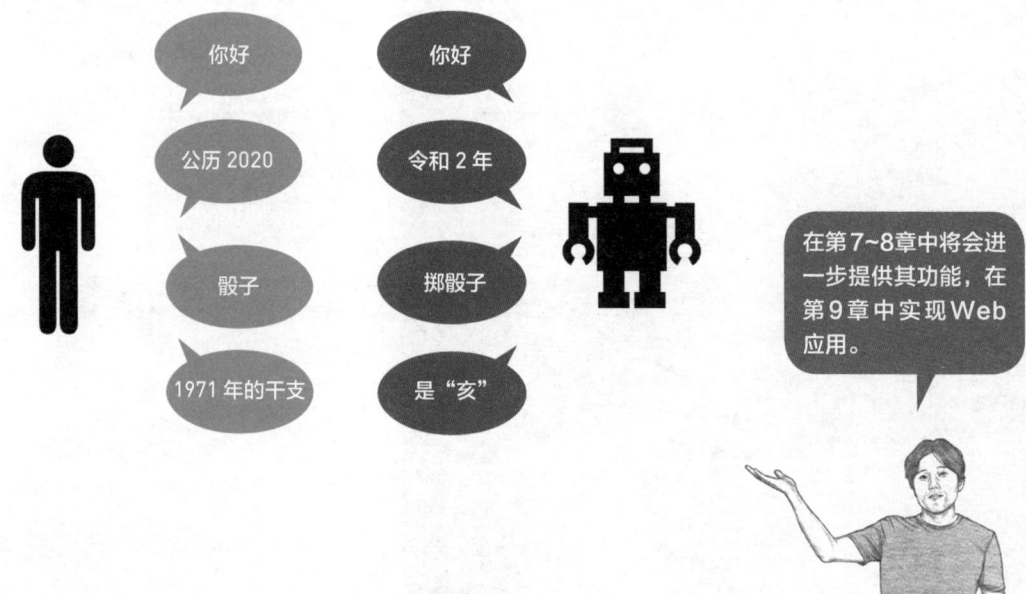

对话bot是什么？

对话bot（chatbot）是近年来非常流行的技术。LINE、Facebook messenger等聊天服务提供了用于创建对话的API（提供可以从程序中使用的指令等），并推动bot的开发。以本书中制作的对话bot为基础，还可以制作与LINE或Facebook messenger上的人对话的bot。比较有名的对话bot还有微软制作的"小冰"（https://www.rinna.jp）。不过，这次制作的bot程序并不是使用"临门一脚"那样的AI（人工智能），而是对特定的关键词进行应答的简单程序。

▶ 和对话bot（小冰）的对话

▶ 和对话程序对话

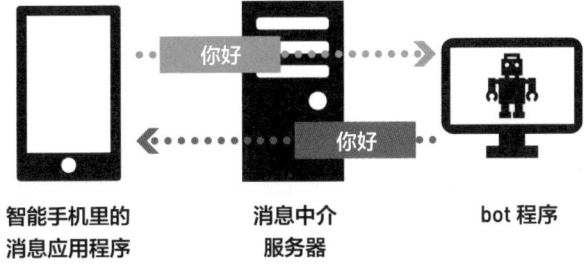

智能手机里的　　　　消息中介　　　　bot 程序
消息应用程序　　　　服务器

👍 要点　通过服务器传递消息（API）

智能手机上的消息应用程序和bot程序进行对话时，通常会像上面的图一样，通过服务器发送消息。

本书为了简化程序，不通过服务器，直接以人与bot程序交互的形式进行。实际上，bot程序要想与智能手机交互，就必须根据各种消息应用程序（LINE、Facebook messenger等）等公开的API制作程序。

[while语句]

32

制作一个简单的
对话bot程序

扫码看视频

学习要点

> 我们先来制作一个简单的对话bot，可以把别人的话原封不动地重复一遍。在这个程序的基础上慢慢添加其他处理操作，增加对话bot能做的事情。首先，为了实现bot的重复处理操作，学习while语句吧。

→ 制作简单的对话bot

在这一节中，先来制作对话bot的基础程序，将其命名为pybot。创建名为pybot.py的程序文件，然后用编辑器编写程序。在最初制作的对话bot中，将输入到pybot>中的内容直接重复其回答。

▶ **pybot的执行结果**

输入"你好"

输入的内容会直接显示出来

使用while语句进行重复处理

pybot从用户那里接收一个输入，然后会直接使用输入的内容作为应答。应答结束后等待下一次输入。在Python中，我们使用while语句处理这些问题。while语句描述条件表达式，并在满足条件时（为True时）循环。

while语句的写法和if语句一样。

在下面这个程序中，count变量从10开始逐渐减少到1。在这个while语句中，count的值大于0时满足条件（True）。也就是说，当count变为0时，经过while语句，程序结束。

▶ while语句的写法

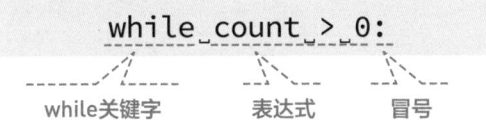

while关键字　　　表达式　　　冒号

▶ count变量大于0时的重复操作示例

```
count_=_10
while_count_>_0:······在count大于0时的重复操作
____print(count)
____count_=_count_-_1
print('结束程序')
```

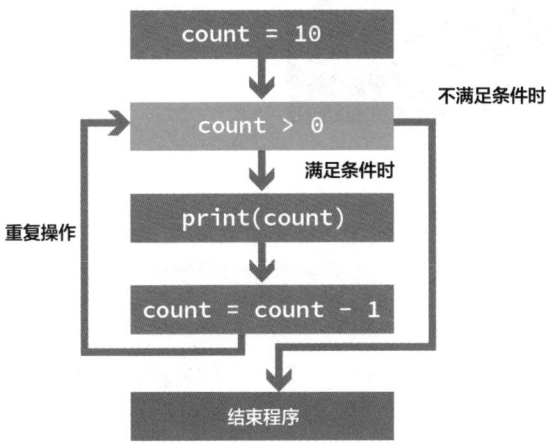

```
count = 10
        ↓
count > 0        不满足条件时
        ↓ 满足条件时
print(count)
        ↓
count = count - 1
        ↓
结束程序
```

重复操作

记住在满足条件时反复使用while语句。

→ 从重复处理中强制退出

在pybot程序中，作为while的条件，记为True。这样的话，只要满足while的条件，就能无限重复地执行操作，无限重复与对话bot的对话。中断程序请按 [Ctrl]+[C] 组合键（macOS 中是 [control]+[C] 组合键）。这样就会中断程序。中断处理后，屏幕上会显示KeyboardInterrupt。通过键盘输入可以知道处理中断了。

▶ 使用while语句无限重复的示例

```
while True:······总是满足条件，无限重复
    在这里编写bot程序
```

▶ 通过键盘输入中断程序

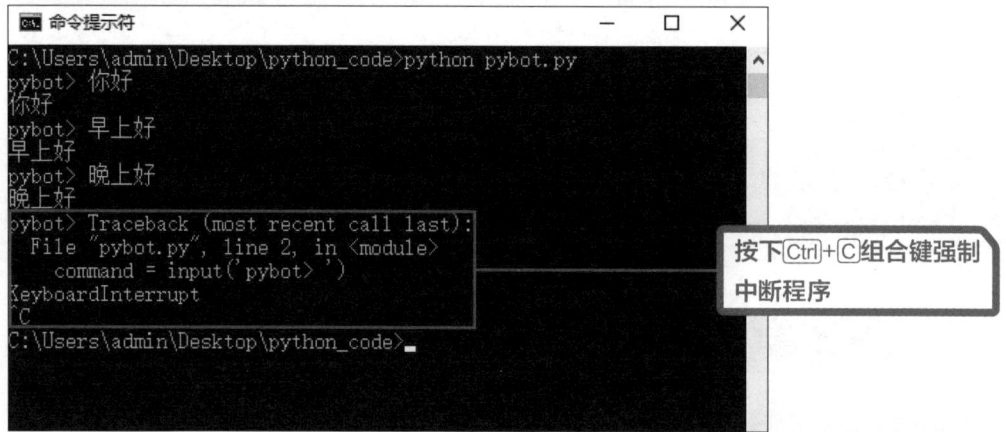

按下 [Ctrl]+[C] 组合键强制中断程序

像这样无限重复处理的过程称为无限循环。因为无限循环的程序不会终止，所以需要强制中断处理。

◯ 制作简单的对话bot

1 制作pybot `pybot.py`

新建一个名为pybot.py的程序文件，输入while True:循环操作❶。

在循环处理中，首先用input()函数接收来自用户的输入，将输入的值保存在command变量中❷。pybot>是为了提示用户输入而显示的字符串。然后将用户输入的值用print()函数直接输出❸。

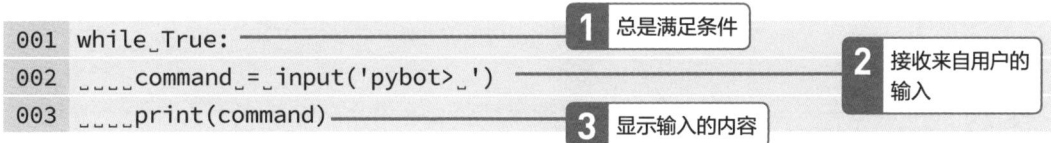

```
001  while␣True: ──────────────── 1 总是满足条件
002  ␣␣␣␣command␣=␣input('pybot>␣')  ──── 2 接收来自用户的输入
003  ␣␣␣␣print(command) ──── 3 显示输入的内容
```

2 执行pybot程序

运行保存的程序。在命令提示符中输入python pybot.py，显示pybot>表示成功运行程序❶。请确认输入的内容pybot会原封不动地返回。另外，如果想要结束程序请按 Ctrl + C 组合键（macOS中是 control + C 组合键）。

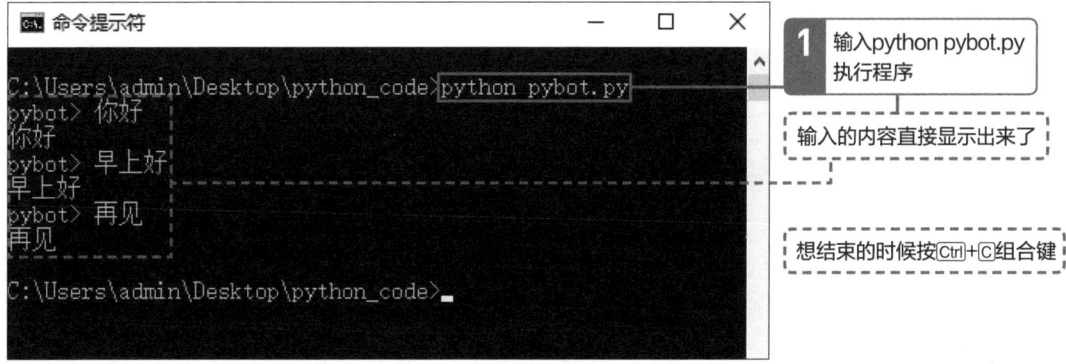

1 输入python pybot.py 执行程序

输入的内容直接显示出来了

想结束的时候按 Ctrl + C 组合键

[in运算符和break语句]

33 制作一个回复问候的bot

扫码看视频

学习要点

在这一节中，将会针对用户输入的问候语句，制作一个可以回复适当问候的bot。为了检查字符串中是否包含了特定的关键字，需要使用in运算符。in运算符可以检查字符串等是否包含指定的数据。

→ 检查字符串是否存在

为了制作回复问候的bot，需要判断用户输入的字符串中哪个是问候语（早上好、你好等）。

在比较运算符==中，只有在比较对象的字符串之间完全一致的情况下才能满足条件（参照第104页），例如"你好""你好，你好吗？""pybot你好"等。如何判断是否包含"你好"呢？在Python中，通过in运算符检查是否包含任意的字符串。

在下面的程序中，第1个表达式满足条件（返回True），显示问候语。第2个表达式不满足条件（返回False），所以不会显示问候语。

▶ **使用in运算符的表达式写法**

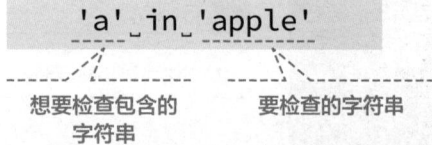

'a' in 'apple'

想要检查包含的   要检查的字符串
字符串

▶ **基于in运算符的字符串部分匹配**

```
if '你好' in '你好、你好吗':······因为包含了"你好"，所以返回True
    print('你好呀')
```

```
if '晚上好' in '你好、你好吗':····因为不包含"晚上好"，所以返回False
    print('早上好')
```

→ 结束循环操作

在第32节中介绍的while True循环处理语句，由于条件表达式的结果总是True，所以程序不会终止。如果用户对pybot输入"再见"字符串，程序就会结束。为了实现这种效果，我们可以使用break语句结束循环处理。

在下一个程序中，将用户输入的字符串赋值给command变量，如果其中包含"再见"字符串，就用break语句结束循环操作。break语句也可以用于for语句中。

▶ 使用break语句结束循环处理

```
while_True:
____command_=_input('pybot>_')
____print(command)
____if_'再见'_in_command:······包含了"再见"
_____break················结束循环处理
```

▶ 程序的执行结果

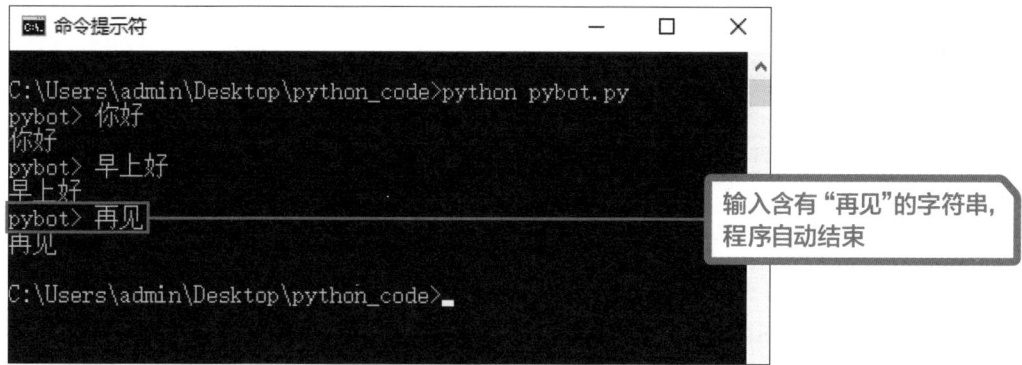

输入含有"再见"的字符串，程序自动结束

使用列表等进行循环的for语句是"for 变量名 in 列表"，这里的in不是运算符，虽然写法一样，但是含义不同，这里请注意。

131

制作回复问候的对话bot

1 使用while语句重复接收用户的输入 `pybot.py`

pybot.py文件中的第一部分和第32节一样，使用while语句的循环操作和input()函数将用户的输入保存到command变量中。

```
001 while True:
002     command = input('pybot> ')
```

2 使用条件分支切换问候语句

这里使用in运算符，当用户输入特定的内容，pybot会回复相应的问候语。如果包含了"你好"，就回复"你好呀"❶。如果是"谢谢"，就回复"不客气"❷。

```
001 while True:
002     command = input('pybot> ')
003     if '你好' in command:
004         print('你好呀')
005     elif '  ' in command:
006         print('不客气')
```

❶ 包含"你好"的情况
❷ 包含"谢谢"的情况

3 使用break语句结束循环操作

当用户输入"再见"字符串时❶，pybot也会回复对应的问候语，并结束while语句的循环操作❷。

```
003     if '你好' in command:
004         print('你好呀')
005     elif '谢谢' in command:
006         print('不客气')
007     elif '再见' in command:
008         print('拜拜')
009         break
```

❶ 包含"再见"的情况
❷ 结束循环处理

4 应对无法理解的问候语

最后，当用户输入的内容不包含上述特定的字符串时，使用第25节中介绍的else语句进行处理❶。在这里，pybot会回复"我不明白你在说什么"作为应答信息。

```
001  while_True:
002  ____command_=_input('pybot>_')
003  ____if_'你好'_in_command:
004  _____print('你好呀')
005  ____elif_'谢谢'_in_command:
006  _____print('不客气')
007  ____elif_'再见'_in_command:
008  _____print('拜拜')
009  _____break
010  ____else:
011  _____print('我不明白你在说什么')
```

1 以上都不符合的情况

尝试增加elif语句，添加其他问候语吧。

5 执行pybot

输入python pybot.py运行程序文件❶。当我们输入问候语的时候，pybot会自动回复对应的语句❷。当输入"再见"时，pybot会回复对应的应答语句，并退出while循环，结束程序❸。这时pybot会从pybot>的状态返回到Windows命令提示符中。

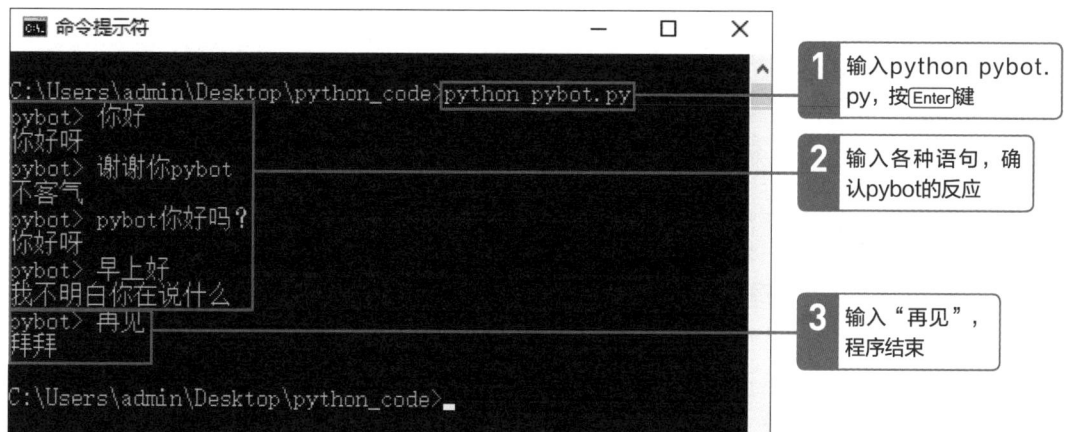

1 输入python pybot.py，按Enter键

2 输入各种语句，确认pybot的反应

3 输入"再见"，程序结束

34 [for语句中的字典和空字符串]
把问候语改成便于
编辑的字典数据

学习要点

在第33节中，我们编写了回复问候的bot，但是随着问候语的增多，if语句会变得很长。因此，在这里我们会将问候语放入第26节中介绍过的字典（dict）数据中，制作容易编辑的问候bot。

空字符串的判断

　　if语句中包含了作为条件的等式。等式通常使用==表示，也可以使用直接判定变量内容的写法。例如，在有字符串的情况下，空字符串（长度为0的字符串）会被判定为False。如果想以

"不是"空字符串作为条件的话，使用not关键字。在下面的程序中，name变量是空字符串时输出"没有设定名字"，但是直接判断变量内容的写法会更简洁。

▶ 使用比较运算符与空字符串进行比较的写法

```
name␣=␣''·········· 在name变量中设置空字符串
if␣name␣==␣'':······与空字符串进行比较
␣␣␣␣print('名字是',␣name,␣'。')
```

▶ 直接判断变量内容的写法

```
name␣=␣''
if␣name:······因为name是空字符串，所以不符合if的条件
␣␣␣␣print('名字是',␣name,␣'。')
```

```
name␣=␣''
if␣not␣name:········空字符串时符合if的条件
␣␣␣␣print('没有设定名字')
```

空字符串虽然是字符串，但并没有实际的内容。如果想检查"用户没有输入"的情况，可以使用''两个单引号来表示。

在if语句中为False的值

使用if语句判断字符串时，空字符串是False，也有其他值是False的情况。数值为0和0.0时是False。列表、元组、字典分别是[]、( )、{}时，在空集合（不存在元素的集合）的情况下也是False。

▶ 在if语句中值为False的示例

值	含义
0	整数0
0.0	实数0
[]	空列表
()	空元组
{}	空字典

空集合表示没有内容的列表、元组、字典。

使用for语句和空字符串的组合进行判断

下面是使用空字符串进行判断的示例。使用for语句依次检查字典、列表等中的值，如果符合条件，就设定值，结束for循环。在变量response中设置一个空字符串作为初始值。在for后面的if语句中，如果response变量中的内容是空字符串，则需要设置"我不明白你在说什么"的回复信息。

▶ 检查是否包含字典的任意键

```
bot_dict = {'你好':'你好呀}······定义字典的数据
command = '早上好'
response = ''···············设置空字符串作为初始值
for message in bot_dict: ·······根据字典的键数执行for循环
    if message in command: ·····如果符合条件，则设置值，循环结束
        response = bot_dict[message]
        break
if not response:···············写出保持空字符串时的处理
    response = '我不明白你在说什么'
```

○ 制作回复字典数据问候的对话bot

1 定义问候的字典数据 `pybot.py`

定义问候的字典数据，并将其赋给bot_dict变量❶。字典中左侧是表示问候语的字符串（键），右侧是pybot回应的字符串（值）。

```
001  bot_dict_=_{
002  _____'你好':_'你好呀',
003  _____'谢谢':_'不客气',
004  _____'再见':_'拜拜',
005  _____}
006
007  while_True:
```

1 定义字典数据

2 设置回应信息

在while循环中，使用input()将用户输入的字符串赋给command变量。定义变量response用于存储回应字符串，并初始化一个空字符串❶。在for message in bot_dict中按顺序取出字典中表示问候数据的键❷。使用in运算符确认输入的字符串中是否包含键的字符串（例如"谢谢"）。若包含，则设定response响应的字符串（例如"不客气"）❸。最后使用break语句退出for循环❹。

```
001  bot_dict_=_{
002  _____'你好':_'你好呀',
003  _____'谢谢':_'不客气',
004  _____'再见':_'拜拜',
005  _____}
006
007  while_True:
008  _____command_=_input('pybot>_')
009  _____response_=_''
010  _____for_message_in_bot_dict:
011  _____if_message_in_command:
012  _____response_=_bot_dict[message]
013  _____break
```

1 使用空字符串初始化
2 按顺序取出键
3 设置作为应答的字符串
4 退出循环

3 应对无法理解的问候语

在字典中找不到对应的问候语（键）、输入的
信息为空字符串的情况下，设置固定的信息❶。

然后使用print()函数显示回应信息❷。

```
009      response = ''
010      for message in bot_dict:
011          if message in command:
012              response = bot_dict[message]
013              break
014
015      if not response:
016          response = '我不明白你在说什么'
017      print(response)
```

1 空字符串的情况

2 显示回应信息

4 使用break语句结束循环处理

最后，当问候语中包含"再见"时，使用
break语句退出while循环，结束程序❶。操作与
第33节中基本相同，不同之处是，如果更改字典

中问候语的内容，那么pybot就会回复与问候语
对应的应答。

```
007 while True:
008      command = input('pybot> ')
009      response = ''
010      for message in bot_dict:
011          if message in command:
012              response = bot_dict[message]
013              break
014
015      if not response:
016          response = '我不明白你在说什么'
017      print(response)
018
019      if '再见' in command:
020          break
```

1 结束while循环

好好利用只指定变量名的if
语句，让程序变得简单吧。

扫码看视频

[文件的字符编码]

35 从文件中读取问候数据

学习要点

在这一节中，将会使用字典形式定义问候数据，并从文件中读取。通过将数据定义到另一个文件，不需要改写程序，就可以改变程序的操作。在读取中文文件时要注意字符编码。

→ 需要注意文本文件的字符编码

当我们从含有中文文件中读取和写入时，需要注意字符编码。中文中有很多字符编码，例如utf-8和GBK。日语中有Shift_JIS等。如果指定了错误的字符编码读取文件的话，程序会发生错误。本书使用utf-8作为字符编码。

▶ 文件和字符编码的关系

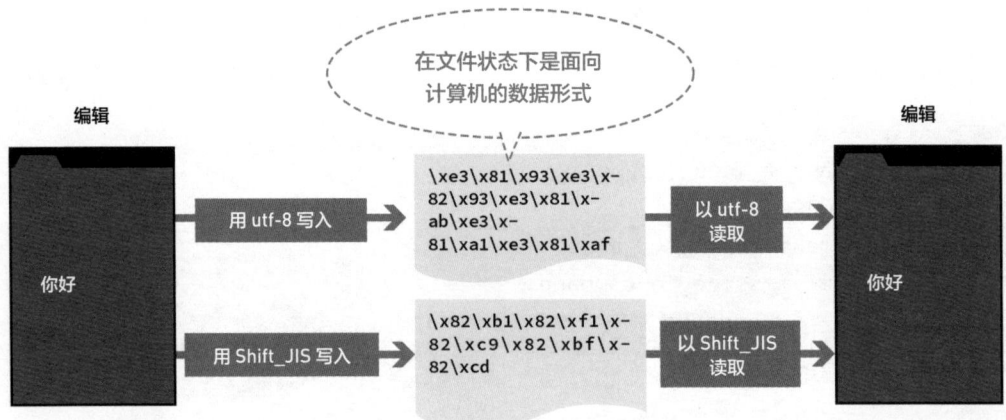

在文件状态下是面向
计算机的数据形式

编辑

你好

用 utf-8 写入 → \xe3\x81\x93\xe3\x82\x93\xe3\x81\x-ab\xe3\x-81\xa1\xe3\x81\xaf → 以 utf-8 读取

用 Shift_JIS 写入 → \x82\xb1\x82\xf1\x-82\xc9\x82\xbf\x-82\xcd → 以 Shift_JIS 读取

编辑

你好

→ 保存中文数据

创建包含中文的文本文件pybot.txt。在文件中只输入"你好"。文件的字符编码请用uft-8保存。在Atom编辑器中可以通过画面右下方的字符编码来确认。标准情况应该是uft-8。

▶ 在Atom编辑器中显示的字符编码

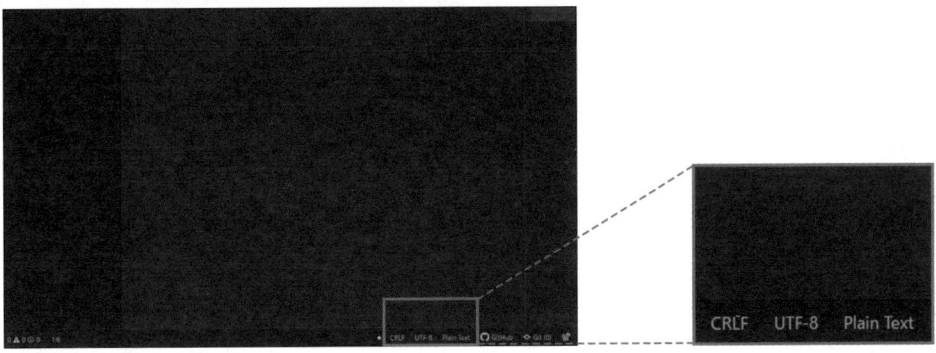

→ 读取中文数据

在读取文件内容时，使用open()打开文件，指定encoding='uft-8'。在读取包含中文的文件时，字符编码（encoding）必须与文件保存时的字符编码一致。没有正确指定字符编码的话，读取文件时会发生错误（UnicodeDecodeError）导致程序停止运行。因此，在打开文件时，请保持文件的字符编码和open()中指定的字符编码是一致的。

▶ 读取中文文件

```
text_file␣=␣open('pybot.txt',␣encoding='utf-8')······指定文件的字符编码
raw_data␣=␣text_file.read()
text_file.close()
print(raw_data)······显示"你好"
```

在读取和写入中文文件时一定要指定encoding。

○ 制作从文件中获取问候数据的对话bot

1 创建问候语句的文件 `pybot.txt`

创建一个保存问候语集合的文本文件。使用逗号分割问候语，首先是问候语，然后是应答字符串❶。

```
001  你好，你好呀
002  谢谢，不客气         1 输入一组应答信息
003  再见，拜拜
```

2 将定义问候语的文件数据转换成每行的字符串数据 `pybot.py`

从刚才创建的问候语文件（pybot.txt）中读取数据，将其变成每行的字符串数据。指定字符编码（utf-8）打开文件❶。使用read()方法读取文件中的所有内容，使用换行符（\n）进行分隔，创建每行的字符串列表❷。

```
001  command_file_=_open('pybot.txt',_encoding='utf-8')    1 指定字符编码
002  raw_data_=_command_file.read()
003  command_file.close()
004  lines_=_raw_data.splitlines()                          2 分割每行的数据
```

3 生成问候的字典数据

制作问候的字典数据。首先准备一个空字典数据变量❶。将一行字符串（你好，你好呀）用逗号分割成两个字符串❷。将分割后的字符串的第0个作为字典的键，第1个作为值，并将值添加到字典数据中间❸。

```
001  command_file_=_open('pybot.txt',_encoding='utf-8')
002  raw_data_=_command_file.read()
003  command_file.close()
004  lines_=_raw_data.splitlines()
005
006  bot_dict_=_{}                      1 创建一个空字典
```

```
007 for_line_in_lines:
008 ____word_list_=_line.split(',')
009 ____key_=_word_list[0]
010 ____response_=_word_list[1]
011 ____bot_dict[key]_=_response
```

2 用逗号分割成两个字符串

3 在字典中设置两个字符串
作为键和值

4 执行pybot

字典数据处理完后和第34节一样❶，操作也
一样。这个程序可以通过改写问候文件来改变问
候的模式。

```
001 command_file_=_open('pybot.txt',_encoding='utf-8')
002 raw_data_=_command_file.read()
003 command_file.close()
004 lines_=_raw_data.splitlines()
005
006 bot_dict_=_{}
007 for_line_in_lines:
008 ____word_list_=_line.split(',')
009 ____key_=_word_list[0]
010 ____response_=_word_list[1]
011 ____bot_dict[key]_=_response
012
013 whilevTrue:
014 ____command_=_input('pybot>_')
015 ____response_=_''
016 ____for_message_in_bot_dict:
017 _____if_message_in_command:
018 _____response_=_bot_dict[message]
019 _____break
020
021 ____if_not_response:
022 _____response_=_'我不明白你在说什么'
023 ____print(response)
024
025 ____if_'再见'_in_command:
026 _____break
```

1 追加与第34节相同的内容

[命令和数字的组合]

36 创建用于计算的命令

扫码看视频

学习要点

> 到目前为止，bot对于问候的关键字只能返回对应的字符串。在这一节中，我们将制作像命令提示符一样，通过传递命令和数值来返回计算结果的bot。

➔ 多个变量的赋值

　　如果指定像"和历 2020"这样的组合命令，将返回平成或令和期间的对应年份。使用split()方法将字符串用空白字符分割成命令（和历）和年份（2020）两部分进行处理。

　　另外，使用split()方法分割后生成的值的数量和需要赋值的变量数量不一致的话会发生错误，导致程序结束。

▶ 分割字符串赋值给多个变量

```
command = '和历 2020'
wareki, year_str = command.split()·······将字符串分割，赋给多个变量
```

▶ 将split分割的结果一次性赋给多个变量

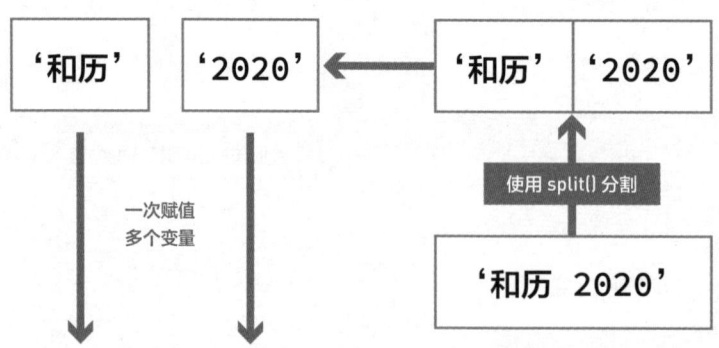

```
wareki, year_str = command.split()
```

制作计算年号的组合命令

1 创建和历命令 `pybot.py`

在第35节的基础上接着编辑pybot.py程序文件。在判断问候语的for循环之后（第20行）追加处理"和历命令"的相关程序。通过if语句

判断输入的字符串中是否包含"和历" ❶。用split()方法将命令部分分割成表示年份的字符串 ❷。最后用int()将字符串转换成数值 ❸。

```
013  while True:
014      command = input('pybot> ')
015      response = ''
016      for message in bot_dict:
017          if message in command:
018              response = bot_dict[message]
019              break
020      if '和历' in command:
021          wareki, year_str = command.split()
022          year = int(year_str)
```

1 包含"和历"的情况

2 使用空白分割字符串

3 把年份转换成数值

2 计算和历

接着计算和历。因为令和1年是公元2019年，所以year的值在2019以后时计算令和的年份❶。在令和期间，使用公历年份减去2018作为

返回消息中的一部分❷。平成1年是1989年，所以同样计算后返回信息❸。如果是1988年以前，则返回平成前的应答信息❹。

```
013  while True:
014      command = input('pybot> ')
015      response = ''
016      for message in bot_dict:
017          if message in command:
018              response = bot_dict[message]
019              break
020      if '和历' in command:
```

```
021 _____wareki,_year_str_=_command.split()
022 _____year_=_int(year_str)
023 _____if year >= 2019:
024 _____reiwa_=_year_-_2018
025 _____response_=_f'公元{year}年、令和{reiwa}年'
026 _____elif_year_>=_1989:
027 _____heisei_=_year_-_1988
028 _____response_=_f'公元{year}年、平成{heisei}年'
029 _____else:
030 _____response_=_f'公元{year}年、平成前的时代'
031
032 ____if_not_response:
033 _____response_=_'我不知道你在说什么'
034 ____print(response)
035
036 ____if_'再见'_in_command:
037 _____break
```

1 在令和的范围内

2 计算令和的年份

3 使用同样的方法计算平成

4 平成以前的情况

3 执行和历命令

运行pybot确认和历命令的操作。

输入和历（公历年份），显示令和或平成几年

37 将计算指令的处理操作集中在一起

扫码看视频

学习要点

在第36节中学习了如何进行计算的命令。像这样在pybot中添加各种各样的命令，程序会变得很长。在这一节中，我们将学习如何将各种功能集中在一起的函数的编写方法。

→ 什么是函数？

函数是把程序的几个处理汇总在一起。到目前为止，和历命令的处理都是在while循环中进行编写的。虽然和历命令是不到10行的短程序，但是如果制作更复杂的命令，while循环就会变得很长，整个程序就很难理解了。在这种情况下，可以将程序按照功能进行分割，使整体的操作更容易理解。分割后的部分称为函数。

▶ 将程序的一部分功能分割成"函数"，整体就容易理解了

```
if '和历' in command:
    wareki, year_str = command.split()
    year = int(year_str)
    if year >= 2019:
        reiwa = year - 2018
        response = f'公元{year}年, 令和{reiwa}
年'
    elif year >= 1989:
        heisei = year - 1988
        response = f'公元{year}年, 平成
{heisei}年'
    else:
        response = f'公元{year}年, 平成前的时代'
elif '长度' in command:
    length, text = command.split()
……接着还有其他命令
```

```
if '和历' in command:
    response = wareki_command(command)
elif ……其他处理操作
```

wareki_command 函数

```
def wareki_command(command):
    wareki, year_str = command.split()
    year = int(year_str)
    if year >= 2019:
        reiwa = year - 2018
        response = f'公元{year}年, 令和
{reiwa}年'
    elif year >= 1989:
        heisei = year - 1988
        response = f'公元{year}年, 平成
{heisei}年'
    else:
        response = f'公元{year}年, 平成前的时代'
```

将公历→和历的计算部分进行函数化

→ 增加功能也容易理解

在pybot中，除了和历命令以外，还能实现更多命令。在这种情况下，我们也可以将每个命令对应的处理分别分割成函数，这样更容易理解程序整体。

▶ 为每个命令创建函数

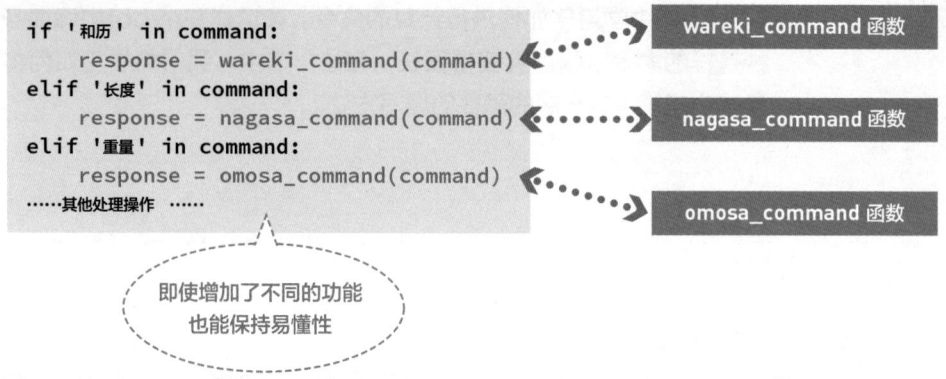

```
if '和历' in command:
    response = wareki_command(command)
elif '长度' in command:
    response = nagasa_command(command)
elif '重量' in command:
    response = omosa_command(command)
······其他处理操作 ······
```

wareki_command 函数

nagasa_command 函数

omosa_command 函数

即使增加了不同的功能
也能保持易懂性

→ 不用反复写相同的程序

函数的另一个优点是可重复使用。如果想在程序的多个地方使用和历计算的相关处理，在不分割成函数的情况下，需要反复复制或编写基本相同的程序。另外，如果程序有问题的话，还需要重写多个地方，非常不方便。如果改写成函数，就可以多次利用，需要改动的时候只需要处理一处就可以了。

▶ 如果想实现相同的处理，只需要调用函数

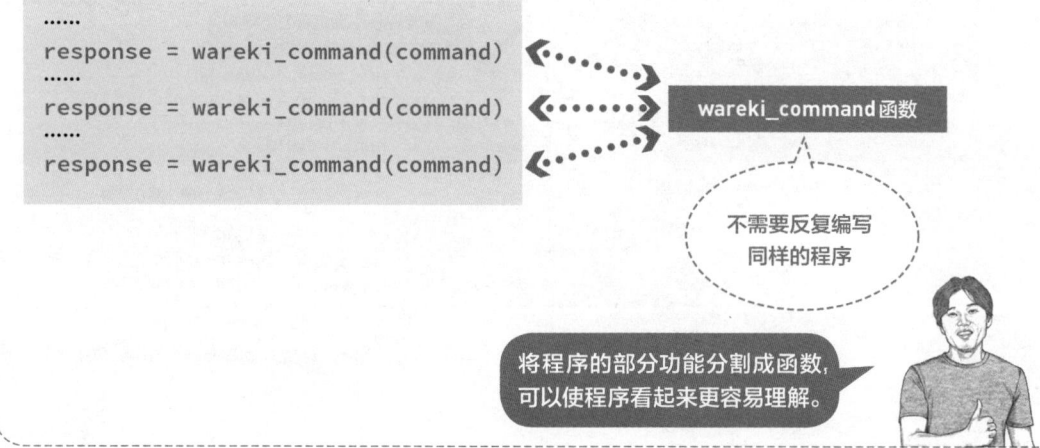

```
······
response = wareki_command(command)
······
response = wareki_command(command)
······
response = wareki_command(command)
```

wareki_command 函数

不需要反复编写
同样的程序

将程序的部分功能分割成函数，
可以使程序看起来更容易理解。

→ 函数的编写方法

要想创建函数，需要在关键字def（定义 define）的后面指定函数名，括号中指定函数的参数（要传递给该函数的值），也可省略参数。函数结束时，返回到函数的调用源，使用return语句指定返回值。指定为返回值的值返回到调用函数的原点。在省略返回值的情况下，函数不返回任何值就会结束，处理返回调用源。

▶ 函数的创建

```
def wareki_command(command):
```

def关键字　　　函数名　　　开括号　参数　闭括号　冒号

▶ return语句

```
return response
```

return关键字　　　返回值

→ 返回值

实际创建函数并确认调用方式。为了简化操作，我们创建add()函数，它接收两个数值并返回相加的结果。在调用add()函数时改变参数，返回的结果也会改变。函数还有一个作用，就是将相同的处理汇总起来，多次调用。另外，函数的定义必须在调用函数之前。在定义函数之前调用函数会发生错误。

▶ 创建add()函数

```
def add(a, b):·········创建add函数
    total = a + b
    return total········返回相加的结果
```

▶ 调用add()函数的程序

```
total1 = add(1, 2)·····返回结果为3
total2 = add(100, 200)··返回结果为300
```

▶ 函数的参数和返回值

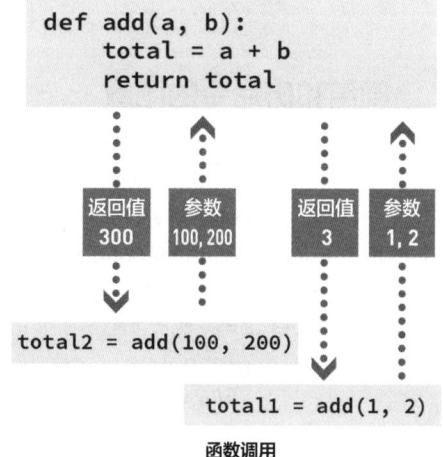

add函数

```
def add(a, b):
    total = a + b
    return total
```

| 返回值 300 | 参数 100, 200 | | 返回值 3 | 参数 1, 2 |

```
total2 = add(100, 200)
```

```
total1 = add(1, 2)
```

函数调用

同样的函数，当参数改变时，返回值也会改变。

将和历命令的程序部分改写成函数

1 创建和历命令的函数 `pybot.py`

创建wareki_command函数。将command变量作为参数传递给函数，command变量中包含了"和历 2020"这样的字符串❶。之后的处理和前一节一样。最后使用return语句返回结果。比如"公元2020年，令和2年"。

```
001  def wareki_command(command):          1 定义函数
002      wareki, year_str = command.split()
003      year = int(year_str)
004      if year >= 2019:
005          reiwa = year - 2018           2 计算令和年份
006          response = f'公元{year}年, 令和{reiwa}年'
007      elif year >= 1989:                3 同样的方法计算平成年份
008          heisei = year - 1988
009          response = f'公元{year}年, 平成{heisei}年'
010      else:                             4 平成以前的情况
011          response = f'公元{year}年, 平成前的时代'
012      return response                   5 返回结果
013
014  command_file = open('pybot.txt', encoding='utf-8')
```

2 调用和历命令的函数

在while循环中，如果输入的字符串中包含"和历"，则改写为执行和历命令的函数。像下面这样调用和历命令的部分只需要写两行，使程序变得更加简单❶。我们也可以使用函数不断地添加其他功能代码。

```
030          if message in command:
031              response = bot_dict[message]
032              break
033                                     1 调用函数
034      if '和历' in command:
035          response = wareki_command(command)
```

操作和第36节完全一样

148

[内置函数]

38 学习内置函数

扫码看视频

学习要点

内置函数是Python中预先准备的直接使用的函数。实际上，到目前为止使用的print()函数也是内置函数的一种。在这一节中，我们使用内置函数向pybot添加新的命令。

→ 什么是内置函数？

在Python中，有一种预先准备好的、可以直接使用的方便函数叫作内置函数。之前程序中已经使用的print()、input()、open()等都是内置函数的一种。有关内置函数的列表可以参考网址https://docs.python.org/zh-cn/3/library/functions.html进行确认。在此作为回顾，我将介绍一部分已经出现过的内置函数。

▶ 到目前为止出现的主要的内置函数

内置函数	含义
input()	将输入的值作为字符串返回
print()	输出指定的值
open()	打开文件
str()	转换成字符串（str）类型
int()	转换成整数(int)类型

使用print()、open()、int()等内置函数可以提高处理效率。

len()函数

内置函数len()可以返回字符串、列表、元组、字典等的长度（元素的数量）。半角空格和中文也分别算作1个字符。下面的程序返回的是字符串和列表的长度。

▶ 使用len()函数获取字符串和列表的长度

```
len1_=_len('Takanori_Suzuki')····返回的长度15赋值给len1
len2_=_len('铃木左雅')············返回的长度4赋值给len2
eto_list_=_['子',_'丑',_'寅',_'卯',_'辰',_'巳',_'午',_'未',_'申',_'酉',_'戌',_'亥']
len3_=_len(eto_list)············返回的长度12赋值给len3
```

熟练使用print()函数

在print()函数中可以指定一个或多个值来输出字符串。实际上，使用sep参数指定分隔字符，可以更加方便地输出字符。默认情况下指定半角空格。当然，输出时也有不想换行的情况。

这时，可以将空字符串指定为end参数。默认情况下，end参数被指定为表示换行的字符串\n。在下面的程序中，使用end参数指定空字符串，输出"子"和"丑"，最后输出换行字符。

▶ 指定分隔字符并输出

```
print('a',_'b',_1)·············输出a b 1
print('a',_'b',_1,_sep='|')·····输出a|b|1
print('a',_'b',_1,_sep=',_')····输出a, b, 1
print('a',_'b',_1,_sep='')······输出ab1
```

▶ 不换行输出

```
eto_list_=_['子',_'丑',_'寅',_'卯',_'辰',_'巳',_'午',_'未',_'申',_'酉',_'戌',_'亥']
for_eto_in_eto_list:
____print(eto,_end='')··········输出时不换行
print()·····················最后只输出换行符
```

◯ 创建长度命令

1 创建长度命令的函数 `pybot.py`

当接收到"长度 long_long_text"这样的命令时，可以创建一个函数实现"长度命令"，例如返回长度14。使用split()方法将最初传递的字符串分割为命令部分和字符串部分❶。然后使用len()函数获取字符串的长度❷。最后制作回复信息，使用reutrn语句返回结果❸。

```
001  def len_command(command):
002      cmd, text = command.split()          ── 1 获取字符串
003      length = len(text)                    ── 2 获取字符串的长度
004      response = f'字符串的长度为{length}'
005      return response                           3 返回结果信息
006
007  def wareki_command(command):
008      wareki, year_str = command.split()
```

2 添加长度命令

当输入的信息包含"长度"时，调用"长度命令"的函数。在while循环中添加调用长度命令的部分❶。这样，可以添加函数来增加命令。

```
032  while True:
033      command = input('pybot> ')
034      response = ''
035      for message in bot_dict:
036          if message in command:
037              response = bot_dict[message]
038              break
039
040      if '和历' in command:
041          response = wareki_command(command)
```

042	␣␣␣␣if␣'长度'␣in␣command:	1 添加长度命令
043	␣␣␣␣␣␣␣␣response␣=␣len_command(command)	
044		
045	␣␣␣␣if␣not␣response:	
046	␣␣␣␣␣␣␣␣response␣=␣'我不知道你在说什么'	
047	␣␣␣␣print(response)	
048		
049	␣␣␣␣if␣'再见'␣in␣command:	
050	␣␣␣␣␣␣␣␣break	

3 执行长度命令

运行pybot查看长度命令的实现效果。像这样，如果有想要在pybot中实现的功能，就创建函数吧。

输入"长度（字符串）"就会显示字符串的长度

到目前为止，我们只使用了Python的标准功能。从下一章开始，我们将使用Python库。

第 **7** 章

熟练使用库

在第6章中，通过制作对话 bot，学习了函数的创建和内置函数的使用方法。在第7章中，我将介绍如何将功能分割成模块，以及如何利用丰富的 Python标准库。

39 把程序按功能划分成文件

学习要点

使用模块可以把程序分割成多个文件。在这里，我们把在第6章中制作的程序分割成模块，试着制作便于维护的程序。

➡ 什么是模块？

在第6章中，我们将pybot按照不同的功能划分为不同的函数。但是，如果增加命令使用函数进行分割，文件也会变得很长，后期难以维护。为了避免这种情况，Python提供了一种机制，可以根据功能分割文件。在Python中，一个文件中的程序被称为模块。使用导入功能，可以读取和执行其他模块中的函数。

▶ 把程序分割成多个文件 (模块)

pybot.py

```
def wareki_command(command):
    : 指令的处理
    :
    return response

: 文件的准备
while True:
    : 指令的预处理
    :
    if '和历' in command:
        response = wareki_com-
mand(command)
    print(response)
```

分割文件

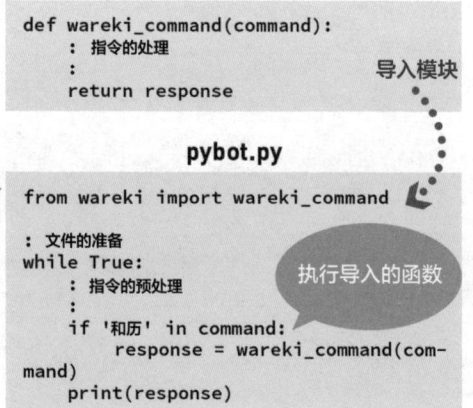

wareki.py

```
def wareki_command(command):
    : 指令的处理
    :
    return response
```

导入模块

pybot.py

```
from wareki import wareki_command

: 文件的准备
while True:
    : 指令的预处理
    :
    if '和历' in command:
        response = wareki_command(com-
mand)
    print(response)
```

执行导入的函数

 制作模块

模块的制作方法与之前介绍的程序的写法没有区别。例如，将进行加法运算的add()函数和进行减法运算的sub()函数分割成不同的模块时，程序如下所示。将该程序保存为calc.py文件，这个文件就是一个模块。

▶ 创建calc.py文件

```
def_add(a,_b):
____return_a_+_b

def_sub(a,_b):
____return_a_-_b
```

 使用import语句导入模块

模块可以使用import语句进行读取。在import关键字后面指定模块名称（读取.py的文件名），import语句如下。像这样读取模块并使其可用称为"导入模块"。当你导入并使用calc模块时，请将以下程序保存为import-sample.py并运行。输入import calc语句就可以在程序中使用calc这个名字了。为了在calc模块中执行add()函数，可以在calc后面指定函数名，即calc.add()。

▶ import语句的基本写法

```
import_calc
```

import关键字　　　　模块名称

▶ 导入calc模块执行函数

```
import_calc ··············导入calc模块

sum_=_calc.add(1,_2) ·····执行calc模块的add函数
dif_=_calc.sub(5,_3) ·····执行calc模块的sub函数
print(sum,_dif) ··········输出结果3  2
```

➔ 将模块和程序放在同一个文件夹里

使用import语句时,需要将程序文件和模块放在同一个文件夹中。在这个例子中,请将calc.py和import-sample.py放入同一个文件夹中执行。在同一个文件夹中找不到模块文件时,运行程序会出现ModuleNotFoundError的错误。

▶ 模块的文件配置

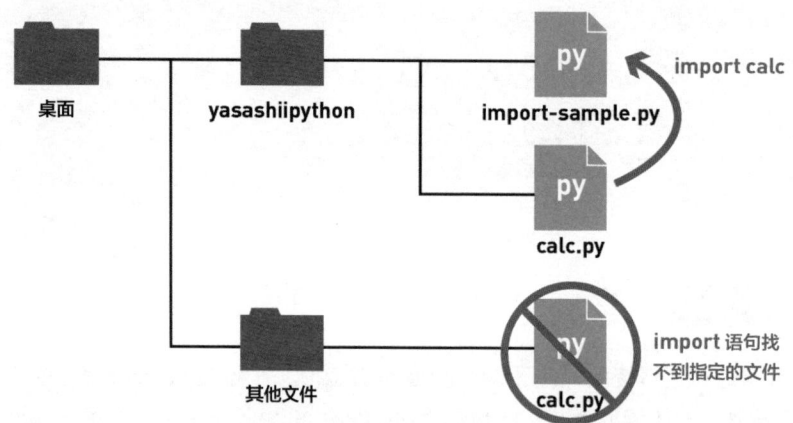

 要点 导入其他文件夹中的模块

在Python中也可以导入其他文件夹中的模块来使用。但是,由于目前还无法制作出如此大规模的程序,所以本书不做说明。

想了解详细内容请参考Python官方文档中有关"模块"的介绍。

→ 导入多个函数

在使用导入模块的函数时，如果每次都用"模块名.函数名()"来指定，有时会很麻烦。在这种情况下，可以像下面这样使用from关键字直接导入函数。使用from进行import的函数，即使没有模块名称也可以执行，具体如下所示。虽然执行结果与导入模块时相同，但由于不用写"模块名称"，程序会变得简单。

▶ 使用from的import语句

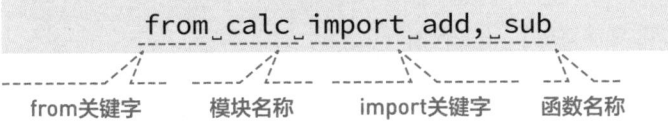

```
from_calc_import_add,_sub
```

from关键字　　模块名称　　import关键字　　函数名称

▶ 从calc模块导入函数并执行

```
from_calc_import_add,_sub ······导入calc模块的add、sub函数

sum_=_add(1,_2)················执行calc模块的add函数
dif_=_sub(5,_3)················执行calc模块的sub函数
print(sum,_dif)
```

👆 要点　如何区分import语句？

无论是使用import calc读取每个模块，还是用from calc import add, sub导入每个函数，最终都能得到相同的执行结果。也就是说，从使用角度来看，哪一种方式都可以。但是在编写程序时，需要根据程序的易写性和易读性（容易理解）来判断使用哪一种方式更好。

例如，calc.py中的add()、sub()函数名是通用的，可能会与其他模块中创建的函数混淆。在这种情况下，最好使用calc.add()的方式，来显示使用的是哪一个模块中的函数。

将程序分割成多个模块，可以提高可维护性。

◯ 追加提示干支的功能

1 确认干支的程序

在这里将第3章中制作的获取干支的程序模块化，在pybot中可以使用干支命令。返回原来的干支程序如下所示。

▶ 使用第3章中制作的程序

```
001  year_str_=_input('请输入你的出生年份（公历4位）:_')
002  year_=_int(year_str)
003  number_of_eto_=_(year_+_8)_%_12
004  eto_tuple_=_('子',_'丑',_'寅',_'卯',_'辰',_'巳',_'午',_'未',_'申',_'酉',_'戌',_'亥')
005  eto_name_=_eto_tuple[number_of_eto]
006  print(f'对应的干支为_{cycle_name}_。')
```

2 将获取干支的程序模块化 `pybot_eto.py`

创建一个名为pybot_cycle.py的程序文件，编写cycle_command()函数❶。该函数需要实现的功能是输入"干支 2000"这样的命令，返回对应年份的干支。作为原始程序的变更部分，首先用split()分割输入的命令，接收年份的字符串❷。另外，用print()函数输出结果的部分，改为生成字符串并返回❸。

```
001  def_eto_command(command):            1 定义函数
002  ____eto,_year_str_=_command.split()    2 获取年份
003  ____year_=_int(year_str)
004  ____number_of_eto_=_(year_+_8)_%_12
005  ____eto_tuple_=_('子',_'丑',_'寅',_'卯',_'辰',_'巳',_'午',_'未',_'申',_'酉',_'戌',_'亥')
006  ____eto_name_=_eto_tuple[number_of_eto]
007  ____response_=_f'{year}年对应的干支为"{eto_name}"。'    3 创建响应信息
008  ____return_response
```

3 执行干支命令 `pybot.py`

导入pybot_cycle.py追加干支命令。在 pybot.py的第一行添加import语句❶。通常，import语句都写在程序的开头。接下来只需要在进行pybot实际处理的while循环中追加实现干支命令的if语句和调用cycle_command()函数的处理即可❷。

```
001  from_pybot_eto_import_eto_command  ←─────── 1  填加import语句
002
      ……中略……
034  while_True:
035  ____command_=_input('pybot>_')
036  ____response_=_''
037  ____for_message_in_bot_dict:
038  _____if_message_in_command:
039  _____response_=_bot_dict[message]
040  _____break
041
042  ____if_'和历'_in_command:
043  _____response_=_wareki_command(command)
044  ____if_'长度'_in_command:
045  _____response_=_len_command(command)
046  ____if_'干支'_in_command:          ─┐
047  _____response_=_eto_command(command) ─┘  2  追加干支命令
048
049  ____if_not_response:
050  _____response_=_'我不知道你在说什么'
051  ____print(response)
052
      ……中略……
```

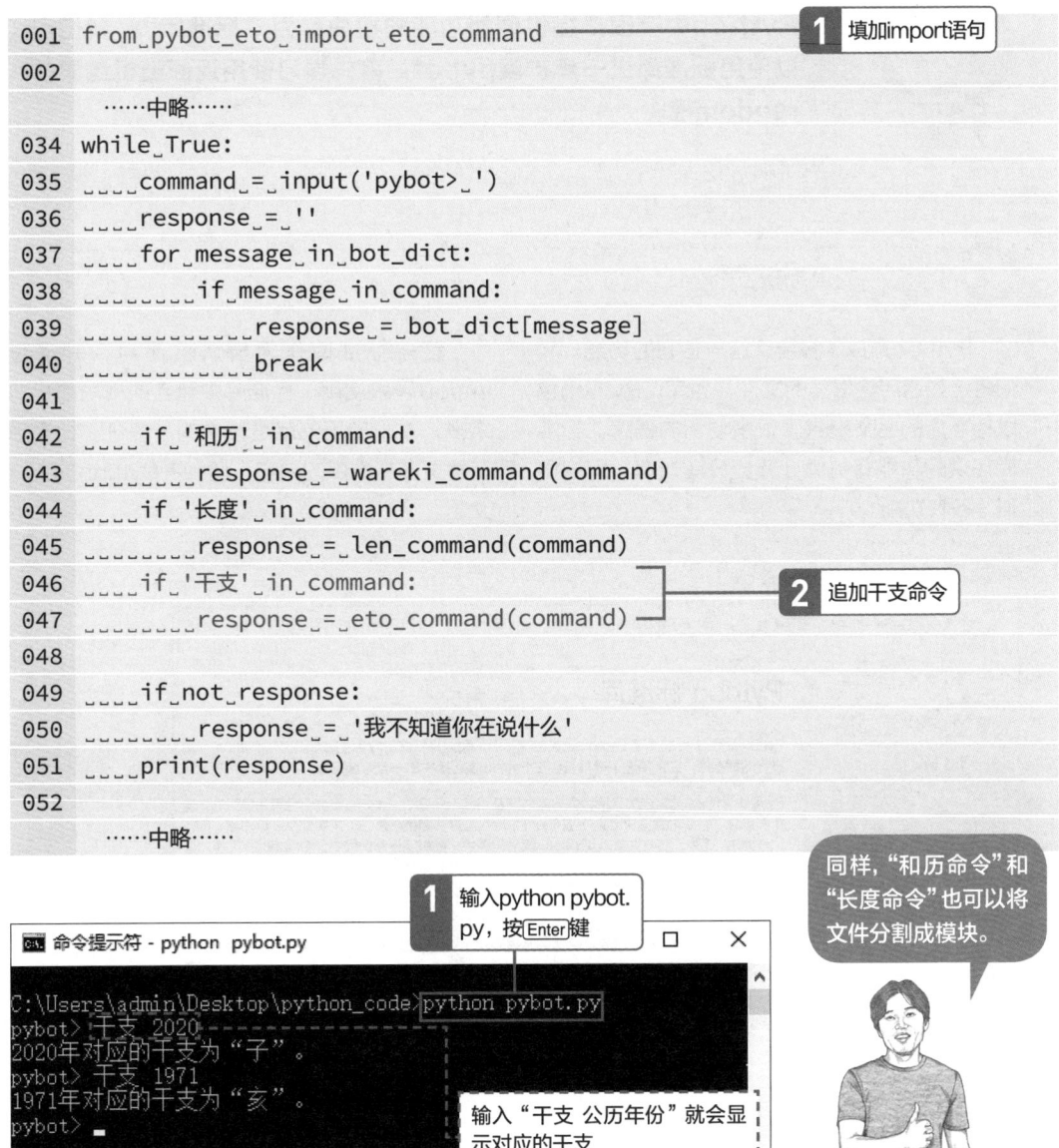

1 输入python pybot.py，按 Enter 键

```
命令提示符 - python pybot.py                    □  ✕
C:\Users\admin\Desktop\python_code>python pybot.py
pybot> 干支 2020
2020年对应的干支为"子"。
pybot> 干支 1971
1971年对应的干支为"亥"。
pybot> _
```

输入"干支 公历年份"就会显示对应的干支

同样，"和历命令"和"长度命令"也可以将文件分割成模块。

[标准库]

40 使用标准库

扫码看视频

学习要点

Python中有很多提供便利功能的模块称为"标准库"。我们可以使用标准库进一步扩展pybot。首先学习使用返回随机结果的random模块。

⊙ 什么是标准库？

Python集成了标准库这一便利的功能。我们将这些通用性很强的文件称为库。Python也以标准库的名义提供了很多便利的程序。标准库提供的功能有数值计算、日期处理、网络通信等各种功能。

这些标准库作为模块被使用，并通过import导入使用。标准库中包含的模块数量非常多，本书使用的就是其中的一部分。如果想了解更多标准库的内容，请参考Python的官方文档。

▶ 官方文档的标准库介绍

Python标准库介绍

https://docs.python.org/ja/3/library/index.html

→ random模块返回随机结果

random模块是标准库之一，提供随机提取数据的功能。例如，random模块的choice()函数在传递列表或元组时，会随机返回一个元素。下面程序的执行结果会返回a、b、c中的一个，但是不知道返回的具体是哪一个。而且每次的执行结果也不一样。

▶ choice()函数的使用示例

```
import_random

choiced_=_random.choice(['a',_'b',_'c'])······随机返回一个
print(choiced)
```

→ randrange()函数

random模块的randrange()函数可以从指定的整数范围返回一个整数。

如果只有一个参数，则从0到结束值−1。如果有两个参数，则指定开始和结束值。

▶ randrange()函数

randrange(100)
　　　　　　　结束值

randrange(1,_100)
　　　　开始值　　　结束值

▶ randrange()函数的使用示例

```
import_random

num1_=_random.randrange(100)······随机返回0到99范围的数值
print(num1)
num2_=_random.randrange(1,_7)·····随机返回1到6范围的数值
print(num2)
```

random模块还有其他各种各样的函数。关于其他功能，请参考Python官方文档"random——生成伪随机数"中的内容。

在pybot中添加random模块的功能

1 使用random模块创建命令 `pybot_random.py`

　　创建使用random模块实现命令的函数。这次要实现的是从输入的多个字符串中随机选择一个的"选择"命令和投掷骰子的"骰子"命令。首先，为了实现模块化，创建一个名为pybot_random.py的文件编写程序。

　　文件中第一个是choice_command()函数，使用split()方法分割命令字符串，然后用choice()函数随机选择一个并返回❶。

　　第二个是dice_command()函数，可以随机返回1到6中的任意一个数字❷。

```
001  import_random
002
003  def_choice_command(command):
004  ____data_=_command.split()
005  ____choiced_=_random.choice(data)
006  ____response_=_f'选择结果为 "{choiced}"'
007  ____return_response
008
009  def_dice_command():
010  ____num_=_random.randrange(1,_7)
011  ____response_=_f'投掷数字为_{num}'
012  ____return_response
```

1 从中选择一个

2 随机返回数值

2 使用import语句导入模块 `pybot.py`

　　导入pybot_random.py，添加两个命令的程序部分。在程序的开头添加import语句❶。在pybot实际处理的while循环中添加每个命令用的if语句和调用函数的处理。如果有"选择"关键字，则执行choice_command()函数❷。如果有"骰子"关键字，则执行dice_command()函数❸。

```
001  from_pybot_eto_import_eto_command
002  from_pybot_random_import_choice_command,_dice_command ──1 添加import语句
     ……中略……
035  while_True:
036  ____command_=_input('pybot>_')
037  ____response_=_""
038  ____for_message_in_bot_dict:
039  _____if_message_in_command:
040  _____response_=_bot_dict[message]
041  _____break
042
043  ____if_'和历'_in_command:
044  _____response_=_wareki_command(command)
045  ____if_'长度'_in_command:
046  _____response_=_len_command(command)
047  ____if_'干支'_in_command:
048  _____response_=_eto_command(command)
049  ____if_'选择'_in_command:
050  _____response_=_choice_command(command)    ┐ 2 添加"选择"命令
051  ____if_'骰子'_in_command:
052  _____response_=_dice_command()             ┐ 3 添加"骰子"命令
053
054  ____if_not_response:
055  _____response_=_'我不知道你在说什么'
056  ____print(response)
057
058  ____if_'再见'_in_command:
059  _____break
```

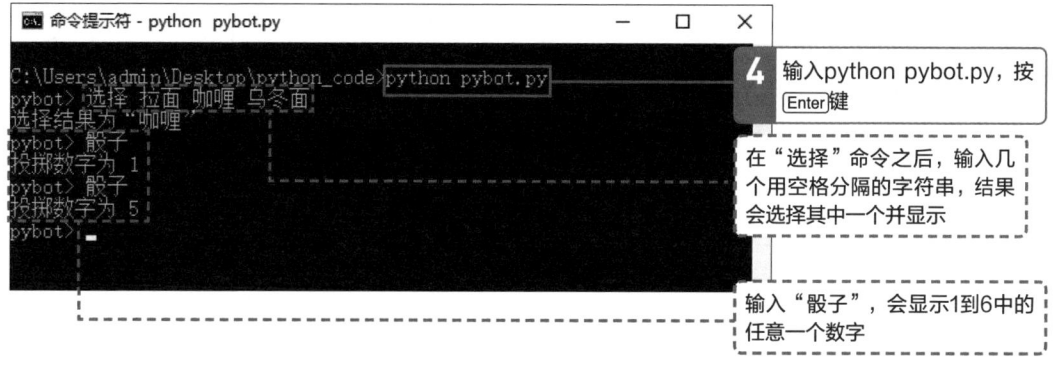

4 输入python pybot.py，按 Enter 键

在"选择"命令之后，输入几个用空格分隔的字符串，结果会选择其中一个并显示

输入"骰子"，会显示1到6中的任意一个数字

[datetime]

41 创建datetime模块 处理日期和时间

扫码看视频

学习要点

在这一节中，我们学习使用标准库中的datetime模块创建日期命令。该模块可以使用数据类型，例如日期和时间可以获取当前的时间和日期。

汇集了日期、时间功能的datetime模块

datetime是用于处理日期和时间的模块，它具有下表中的功能。例如，想要获取今天的日期，可以使用datetime.date的today()方法。这个模块有很多功能，如果想了解更多，请参考

Python标准库中的官方文档"datetime——基本的日期和时间类型"（https://docs.python.org/zh-cn/3.8/library/datetime.html）。

▶ **datetime模块的代表性数据类型**

名称	含义
date	处理日期
time	处理时间
datetime	处理日期和时间

▶ **today()方法的使用示例**

```
from_datetime_import_date······导入datetime中的date


today_=_date.today()··········获取今天的日期
print(today)················以2020-05-11的形式显示日期
```

→ 获取当前日期和时间

要想获取当前的日期和时间，可以使用 datetime.datetime的now()方法。today()方法只能获取年月日，而now()方法还可以获取时、分、秒和微秒。

▶ now()方法的使用示例

```
from_datetime_import_datetime

now_=_datetime.now()······获取当前的日期和时间
print(now)··············以2020-05-11 16:22:21.463932的形式显示日期和时间
```

→ 获取任意日期

要获取任意日期，可以在datetime.date()中指定日期参数。

▶ date()方法的使用示例

```
from_datetime_import_date

day_=_date(2020,_1,_1)······把日期设置在2020年1月1日
```

→ 获取星期

对日期数据执行weekday()方法可以获取星期的值。获取的星期是数值，星期一是0、星期二是1、星期三是2……星期日是6。

▶ weekday()方法的使用示例

```
from_datetime_import_date

day_=_date(2020,_1,_1)·················把日期设置在2020年1月1日
print(day.weekday())··················显示2（星期三）
weekday_str_=_'月火水木金土日'···········定义星期几的字符串
print(weekday_str[day.weekday()])······显示"三"
```

○ 添加处理日期和时间的命令

1 使用datetime模块创建命令 `pybot_datetime.py`

创建使用datetime模块❶实现命令的函数。这次制作"返回今天的日期的命令""返回当前日期的命令""返回指定日期的星期数的命令"3个函数。创建名为pybot_datetime.py的程序文件。

返回今天日期的today_command()函数❷和返回当前日期的now_command()函数❸只

是将方法的结果以字符串的形式返回，并不复杂。返回星期数的weekday_command()函数有些复杂。假设以"星期 2017 1 1"的形式接收命令，首先需要将命令中的字符串分割，将年月日转换成数值，然后用date()生成日期数据❹。最后用weekday()方法获取星期的顺序，生成星期的字符串❺。

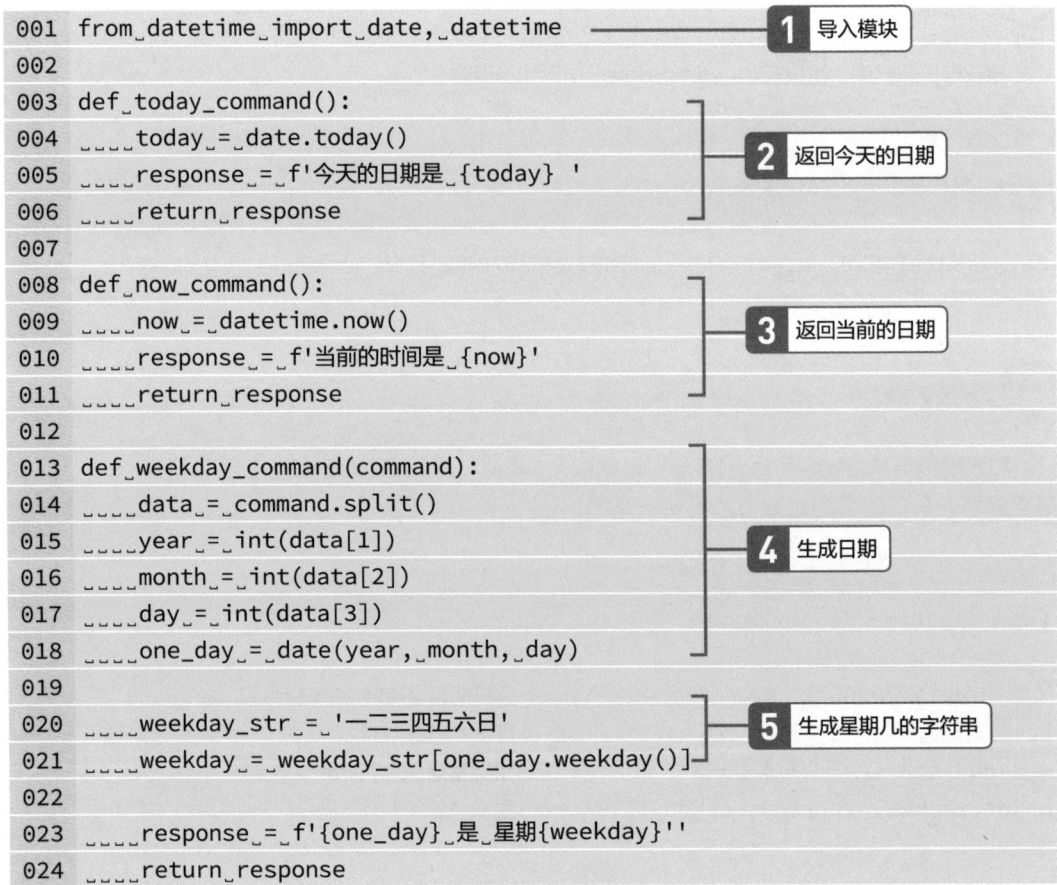

```
001  from datetime import date, datetime ————————  1 导入模块
002
003  def today_command():
004      today = date.today()                          2 返回今天的日期
005      response = f'今天的日期是 {today} '
006      return response
007
008  def now_command():
009      now = datetime.now()                          3 返回当前的日期
010      response = f'当前的时间是 {now}'
011      return response
012
013  def weekday_command(command):
014      data = command.split()
015      year = int(data[1])
016      month = int(data[2])                          4 生成日期
017      day = int(data[3])
018      one_day = date(year, month, day)
019
020      weekday_str = '一二三四五六日'                 5 生成星期几的字符串
021      weekday = weekday_str[one_day.weekday()]
022
023      response = f'{one_day} 是 星期{weekday}''
024      return response
```

2 | 使用import导入模块 `pybot.py`

导入pybot_datetime.py，添加三个函数。在程序的开头添加import语句❶。

```
001  from_pybot_eto_import_eto_command
002  from_pybot_random_import_choice_command,_dice_command
003  from_pybot_datetime_import_today_command,_now_command,_weekday_
     command
```

`1` 追加import语句

3 | 执行命令

在执行pybot实际处理的while循环中，每个命令的if语句和调用函数的相关处理如下。

当输入"今天"关键字时，执行today_command()函数❶。输入"当前"关键字时，执行now_command()函数❷。输入"星期"关键字，则执行weekday_command()函数❸。

```
052  ____if_'骰子'_in_command:
053  _____response_=_dice_command()
054  ____if_'今天'_in_command:
055  _____response_=_today_command()
056  ____if_'当前'_in_command:
057  _____response_=_now_command()
058  ____if_'星期'_in_command:
059  _____response_=_weekday_command(command)
060
```

`1` 追加今天的日期命令

`2` 追加当前日期和时间的命令

`3` 追加星期的命令

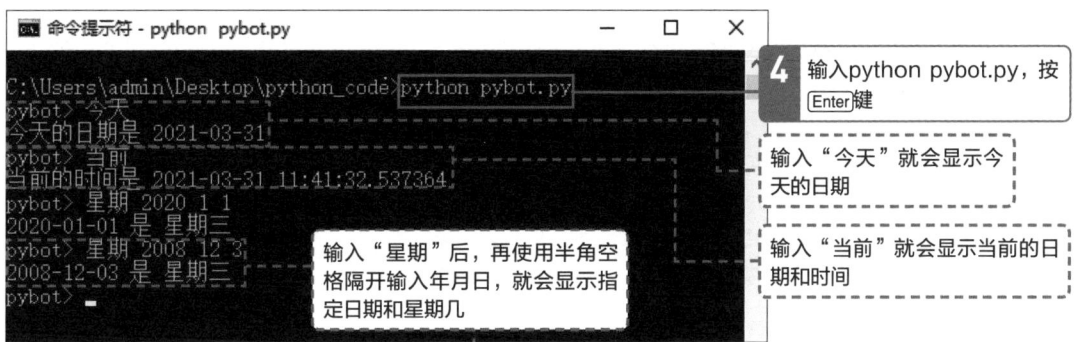

`4` 输入python pybot.py，按 Enter 键

输入"今天"就会显示今天的日期

输入"当前"就会显示当前的日期和时间

输入"星期"后，再使用半角空格隔开输入年月日，就会显示指定日期和星期几

42

从列表、元组和字符串中提取数据

学习要点

在使用random模块的"选择"命令时,"选择"这个命令本身也是提取的对象。为了缩小提取对象的范围,我们可以使用切片功能。通过与指定索引相似的写法,可以从列表等中提取指定的范围。

➔ 索引只能提取一个数据

在第40节中追加的"选择"命令时,输入"选择 拉面 咖喱 乌冬面"时,"选择"本身也是随机选择的对象,大家注意到了吗?"选择"这个关键字需要从随机选择的对象中去掉。Python中有一个很方便的切片功能,它可以根据列表的索引提取从1到最后的值。下面我们来学习切片的使用方法吧。

在介绍切片之前,我们先来复习一下第3章中学习过的索引提取值的方法。如果指定索引值,就可以从列表、元组、字符串等中获取特定的值。

▶ **通过指定索引提取值**

```
eto_list_=_['子',_'丑',_'寅',_'卯',_'辰',_'巳',_'午',_'未',_'申',_'酉',_'戌
',_'亥']
print(eto_list[0])·····················显示索引为0的元素"子"
print(eto_list[1])·····················显示"丑"
print(eto_list[11])····················显示"亥"


blood_type_=_('A',_'B',_'O',_'AB')·····定义血型
print(blood_type[3])〉··················显示AB


weekday_text_=_'一二三四五六日'
print(weekday_text[1])·················显示"一"
```

→ 使用切片提取指定范围内的数据

切片是从字符串、列表、元组等连续数据中提取指定范围内数据的方法。在括号中以[开始位置:结束位置]的形式指定索引。请注意,取出的位置是结束位置的前一个。

另外,开始位置和结束位置可以省略。省略时,从开始到最后的值都会被取出。从列表中提取值的话,取出的值也会变成列表。

▶ 切片的写法

```
data[start:end]
```
变量　开始位置　冒号　结束位置

▶ 切片的执行示例

```
eto_list_=_['子',_'丑',_'寅',_'卯',_'辰',_'巳',_'午',_'未',_'申',_'酉',_'戌
',_'亥']
slice1_=_eto_list[2:5]·····提取出['寅', '卯', '辰']
slice2_=_eto_list[:4]·····提取第0个(子)到第3个(卯)的列表
slice3_=_eto_list[6:]·····提取第6个(午)到最后(亥)的列表
```

▶ 切片的示意图

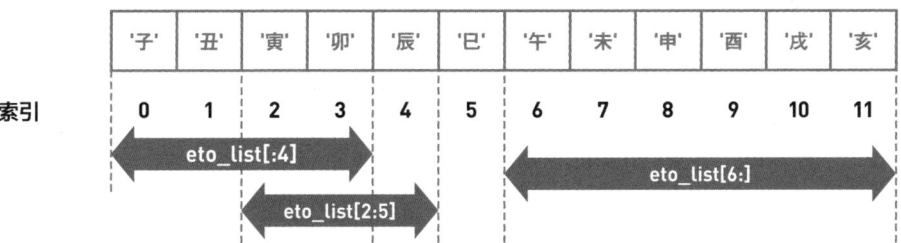

	'子'	'丑'	'寅'	'卯'	'辰'	'巳'	'午'	'未'	'申'	'酉'	'戌'	'亥'
索引	0	1	2	3	4	5	6	7	8	9	10	11

eto_list[:4]
eto_list[6:]
eto_list[2:5]

关于切片,可能刚开始有些难以理解。图中箭头所指的地方就是切片提取数值的范围。

第 7 章

熟练使用库

169

➡ 元组和字符串的切片

切片也可以用于元组和字符串，下面是对元组和字符串进行切片的示例。就像从列表中通过切片取出的值会变成列表一样，从元组和字符串中取出的值也会变成相同的类型。

▶ 元组和字符串的切片示例

```
blood_type_=_('A',_'B',_'O',_'AB')
slices_tuple_=_blood_type[1:3]·····提取元组（'B',_'O'）
weekday_text_=_'一二三四五六日'
sliced_str_=_weekday_text[:5]······提取字符串'一二三四五'
```

➡ 负索引表示从后面开始数

指定索引时也可以使用负整数。-1表示指定的是最后一个元素（cycle_list中是亥），-2指的是戌，-3指的是酉。当然，切片也可以使用负索引。

▶ 负索引的执行示例

```
eto_list_=_['子',_'丑',_'寅',_'卯',_'辰',_'巳',_'午',_'未',_'申',_'酉',_'戌
',_'亥']
last_eto_=_eto_list[-1]·····提取出"亥"
slice4_=_eto_list[-5:]······提取从倒数第5个（未）到最后（亥）的列表
slice5=_eto_list[:-7]········提取第0个（子）到倒数第7个的前一个（辰）的列表
slice6_=_eto_list[2:-2]·····提取第2个（寅）到倒数第2个的前一个（酉）的列表
```

▶ 负索引切片的示意图

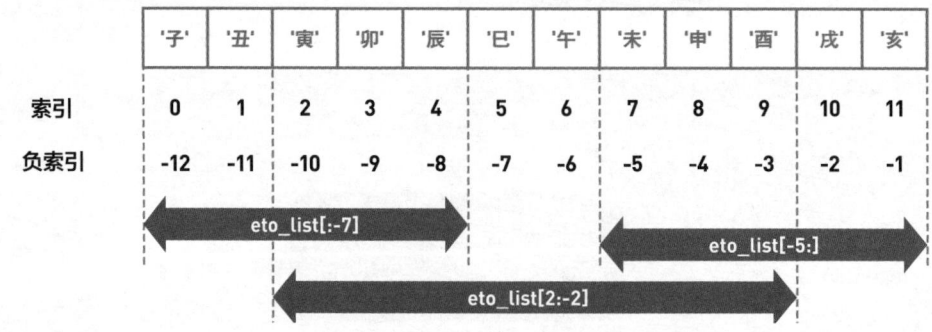

使用切片改造的程序

1 修改"选择"功能 `pybot_random.py`

之前我们在第40节中创建的choice_command()函数，随机选择的对象列表中也包含了"选择"这个字符串。在输入"选择 拉面 咖喱 乌冬面"时，为了不让"选择"成为对象，可以使用切片。这里我们只需要改写一处，将字符串列表传递给random.choice()函数时，使用切片data[1:]获取指定的值。通过这样指定，random.choice()函数的对象是列表的第一个到最后一个值❶。

```
001  import random
002
003  def choice_command(command):
004      data = command.split()
005      choiced = random.choice(data[1:])        1  提取列表中第1个到最后一个值
006      response = f'选择结果为 "{choiced}"'
007      return response
008
009  def dice_command():
010      num = random.randrange(1, 7)
011      response = f'投掷数字为 {num}'
012      return response
```

```
命令提示符 - python pybot.py                    —    □    ×

C:\Users\admin\Desktop\python_code>python pybot.py
pybot> 选择 拉面 咖喱 乌冬面
选择结果为 "乌冬面"
pybot> 选择 拉面 咖喱 乌冬面
选择结果为 "咖喱"
pybot> 选择 荞麦面 亲子盖饭 牛肉盖饭
选择结果为 "亲子盖饭"
pybot>
```

2 输入python pybot.py，按Enter键

在选择命令中，"选择"不再被选中

熟练使用切片功能，就能有效地提取指定范围内的数据。请练习使用各种范围的切片操作，找到感觉。

[math]

43 使用数学函数进行计算

学习要点

在这一节中介绍Python标准库中用于提供数学函数的math模块。它汇集了基本的数值计算，比如向上取整、向下取整、平方根、三角函数等。有些东西即使不会立刻用到，也需要记住它的用法。

→ 集合了计算所需功能的math模块

math模块是在Python中提供三角函数、平方根、对数函数等各种数学函数的模块。它提供了通过组合运算符计算难以实现和复杂的函数。

详细的介绍请参考Python官方文档"math——数学函数"中的介绍（https://docs.python.org/zh-cn/3/library/ math. html）。

▶ 用于数值计算的主要函数

函数	含义
ceil(*x*)	返回大于或等于*x*的最小整数
floor(*x*)	返回小于或等于*x*的最大整数
gcd(*a*, *b*)	返回*a*和*b*的最大公约数
factorial(*x*)	返回*x*的阶乘
pow(*x*, *y*)	返回*x*的*y*次方
sqrt(*x*)	返回*x*的平方根

▶ 主要的三角函数、指数函数和对数函数

函数	含义
sin(*x*)	返回*x*的正弦
cos(*x*)	返回*x*的余弦
tan(*x*)	返回*x*的正切
radians(*x*)	将角度*x*从度数转换为弧度
degrees(*x*)	将角度*x*从弧度转换为度数
exp(*x*)	返回e（自然对数的底）的*x*次方
log(*x*)	返回*x*自然对数
log(*x*, base)	返回以base为底的*x*的对数

→ 使用math模块

下面使用math模块提供的函数，包括向 ⋮ 上取整、向下取整、平方根等函数的计算。

```
import_math
```

```
math.ceil(1.1)··········返回2
math.floor(1.1)·········返回1
math.ceil(-1.1)·········返回-1
math.floor(-1.1)········返回-2
```

```
math.pow(2,_5)·········返回32.0
math.factorial(10)······返回3628800
math.sqrt(2)···········返回2的平方根1.4142135623730951
math.sqrt(123454321)····返回11111.0
```

→ 平方根命令的示例

下面是创建平方根命令的示例。从命令中 ⋮ 获取数值，执行math.sqrt()，然后返回结果。

```
import_math

def_sqrt_command(command):
____sqrt,_number_str_=_command.split()
____x_=_int(number_str)
____sqrt_x_=_math.sqrt(x)
____response_=_f'{x}_的平方根是_{sqrt_x} '
____return_response
```

利用math模块，试着制作输出平方根的命令和计算三角函数的命令吧。

[错误和异常]

44 处理程序错误

扫码看视频

学习要点

在编写程序并执行的过程中，有时会发生意想不到的错误而导致程序终止。阅读错误信息就知道该如何处理。在这里将学习错误的种类和错误消息的阅读方法。

→ 无法执行程序的"语法错误"

Python的错误分为语法错误和运行时的错误（异常）两种。语法错误是编写Python程序出错时发生的错误。比如索引写错了、遗漏了for语句中的冒号等。将如下语法错误的程序以syntax_error.py保存命名并执行，

这样就会产生下面的语法错误。SyntaxError表示语法错误，还会显示错误出现的位置和内容。主要的语法错误有在索引不正确时发生的IndentationError等。

▶ 发生语法错误的Python程序

```
eto_list = ['子', '丑', '寅', '卯', '辰', '巳', '午', '未', '申', '酉', '戌', '亥']
for eto in eto_list·················遗漏了for语句中的冒号
    print(eto)
```

▶ 执行程序时发生SyntaxError

```
> python syntax_error.py
  File "syntax_error.py", line 2···提示文件中第几行出现错误
    for eto in eto_list
                      ^············表示上面句子的错误位置
SyntaxError: invalid syntax ········错误的内容是"语法错误：无效的语法"
```

出现语法错误的话，程序就不能执行。

▶ 发生IndentationError的Python程序

```
eto_list_=_['子',_'丑',_'寅',_'卯',_'辰',_'巳',_'午',_'未',_'申',_'酉',_'戌
',_'亥']
for_eto_in_eto_list:
print(eto)······························没有缩进
```

▶ 执行程序时发生IndentationError

```
>_python_indentation_error.py_
__File_"indentation_error.py",_line_3···文件的第3行出现错误
____print(eto)
____^
IndentationError:_expected_an_indented_block
                          ···········提示因索引不正确导致的错误
```

(→) 程序执行时发生的"异常"

异常是指在Python程序语法正确的情况下，执行程序发生的错误。下面的程序从语法的角度来看是正确的，但是由于在print()函数中写错了变量名，所以会出现NameError。

▶ 发生异常的Python程序

```
eto_list_=_['子',_'丑',_'寅',_'卯',_'辰',_'巳',_'午',_'未',_'申',_'酉',_'戌
',_'亥']
for_eto_in_eto_list:
____print(etoo)······························变量名出错
```

▶ 执行程序时发生NameError

```
>_python_name_error.py_
Traceback_(most_recent_call_last):
__File_"name_error.py",_line_3,_in_<module>···文件的第3行出现错误
____print(etoo)
NameError:_name_'etoo'_is_not_defined·········提示"没有cyclee这个变量名"
```

→ 了解各种异常

这里总结一下程序运行时会出现的主要异常以及含义。有关异常的更多信息请参考官方文档"内置异常"中的内容（https://docs.python.org/zh-cn/3/library/exceptions.html）。理解异常的含义，就能知道程序哪里出现问题以及应该如何应对。在Python中，异常的输出称为Traceback（回溯）。

▶ 主要的异常

名称	含义
NameError	找不到指定的变量名称
ZeroDivisionError	除数为0
IndexError	列表中不包含指定的索引
KeyError	指定的键不在字典中
TypeError	数据类型不正确
ValueError	传入了无效的值
FileNotFoundError	文件不存在

▶ 发生异常的程序示例

```
1 / 0 ·················发生ZeroDivisionError
dummy_list = ['子', '丑']
dummy_list[2] ···········发生IndexError
dummy_dict = {'firstname': 'Takanori'}
dummy_dict['lastname'] ···发生KeyError
1 + '1' ················发生TypeError
int('a') ················发生ValueError
open('foo.txt') ········如果文件不存在，则会发生FileNotFoundError
```

Traceback中包含了错误的信息。熟悉各种错误信息，有助于我们快速找出错误发生的位置、种类和内容。

阅读Traceback的方法

读取异常发生时输出的Traceback，就能知道程序哪里出现了问题。在下面的程序中，main()函数内部调用了sub()函数，而在sub()函数中返回的是int('元年')，因此数值转换失败，发生异常。

Traceback中记录在哪个文件的第几行发生异常。另外，当有函数调用等情况时，在哪里如何调用函数而发生的异常也会被记录。

▶ 发生异常的程序示例（traceback-sample.py）

```
def sub():
    return int('元年')····发生异常


def main():
    return sub()·········执行sub()函数


main()·················执行main()函数
```

▶ Traceback的示例

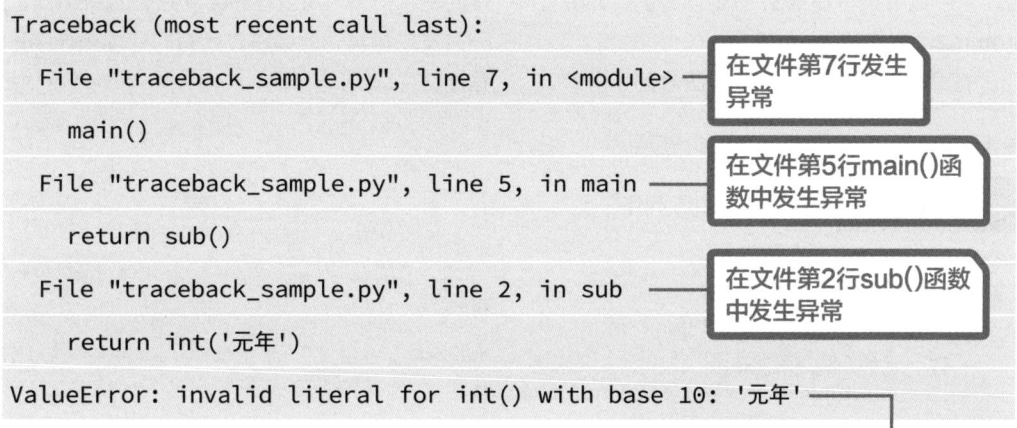

```
Traceback (most recent call last):
  File "traceback_sample.py", line 7, in <module> ── 在文件第7行发生异常
    main()
  File "traceback_sample.py", line 5, in main ── 在文件第5行main()函数中发生异常
    return sub()
  File "traceback_sample.py", line 2, in sub ── 在文件第2行sub()函数中发生异常
    return int('元年')
ValueError: invalid literal for int() with base 10: '元年' ──
```

发生ValueError，表示int()函数中没有表示数值的字符串

[异常处理]

45 创建一个防止异常发生的程序

学习要点

在第36—37节创建计算和历功能的程序中，将公历年份通过int()函数转换成整数，但是如果输入的是数字以外的字符串，程序就会终止。在这里我们将学习异常的处理。当发生预想之外的错误时，我们如何进行适当的处理。

→ 一旦发生异常程序就会终止

试着在pybot中输入"和历 元年"。由于输入的字符串（command）中包含"和历"，所以会执行在第37节中创建的wareki_command()函数。

在命令中，使用split()方法分割字符串，并在year_str变量中添加"元年"。int()函数会把这个值转换成整数，但是"元年"不是数字而是字符串，所以程序会发生ValueError。一旦发生异常，就会跳过所有的处理操作结束程序。

▶ 使用和历命令发生异常的流程

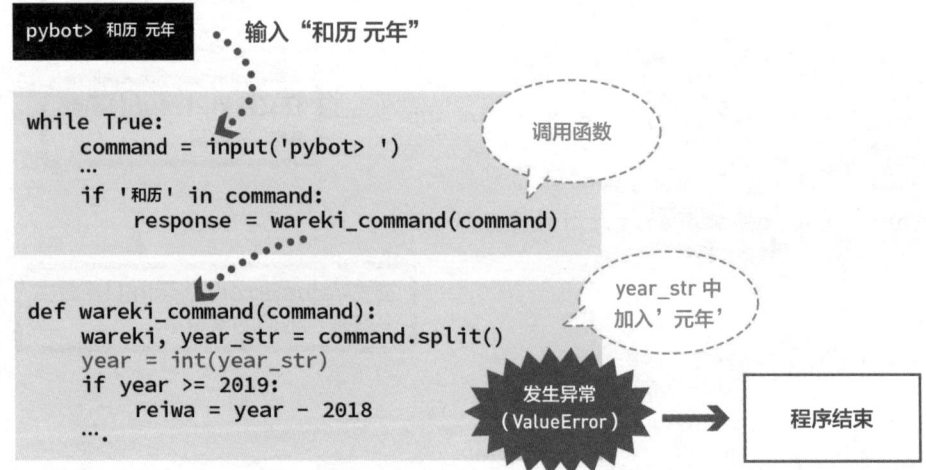

▶ 发生ValueError

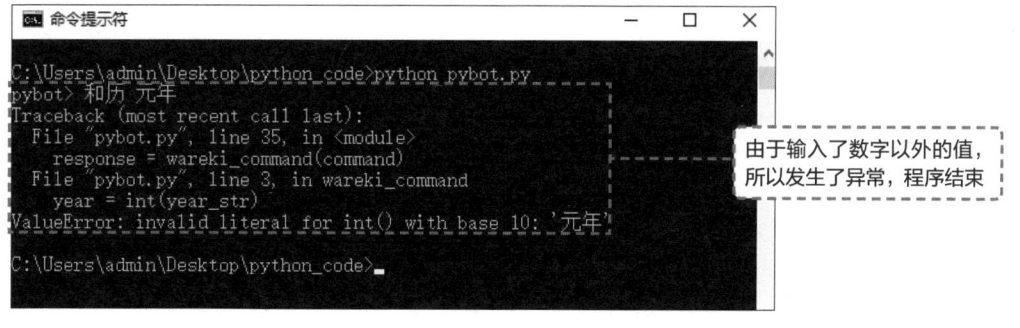

由于输入了数字以外的值，所以发生了异常，程序结束

🢂 异常处理

当wareki_command()函数收到"和历元年"时，不结束程序，而是返回"请输入数值"这样的提示信息。这种"发生异常后返回提示信息"的处理操作称为异常处理。

▶ 处理异常的示意图

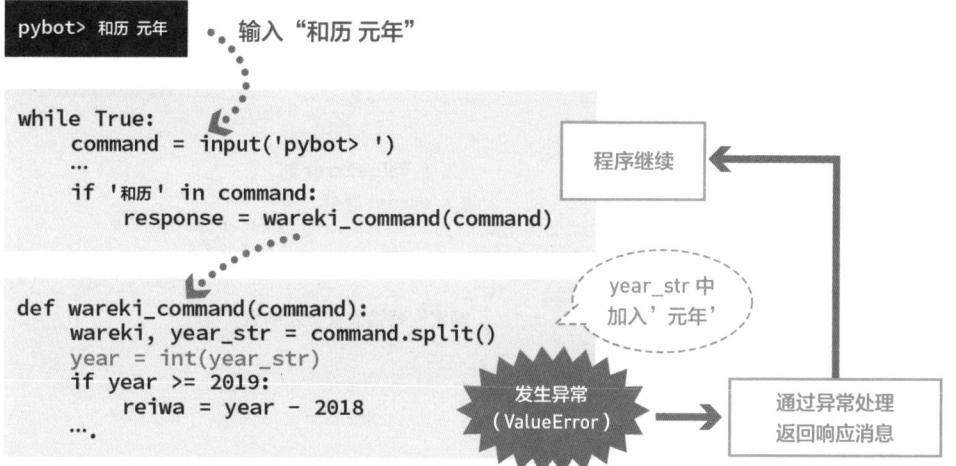

通过异常处理，创建在异常发生时处理不会被中断的程序。

→ 使用try语句进行异常处理

处理异常使用try语句进行编写。下面的程序将输入的字符串转换成数值，输出令和几年。以该程序为例说明异常处理。首先执行try部分（try关键字和except关键字之间的部分）的程序。在程序执行没有发生例外的情况下，跳过except部分结束try语句的执行。

在try部分发生异常的情况下，确认是否指定了与except关键字对应的异常。如果存在与指定except关键字对应的异常（这里是ValueError），则执行except语句来终止try语句的部分。在没有指定与except部分对应的异常的情况下，输出错误信息并结束程序。

▶ try语句示例

```
try:
    year_str = input()···········try部分在这里开始
    year = int(year_str)
    reiwa = year - 2018
    print('令和', reiwa, '年')···try部分在这里结束
except ValueError:
    print('请指定数值')···········except部分在这里开始
```

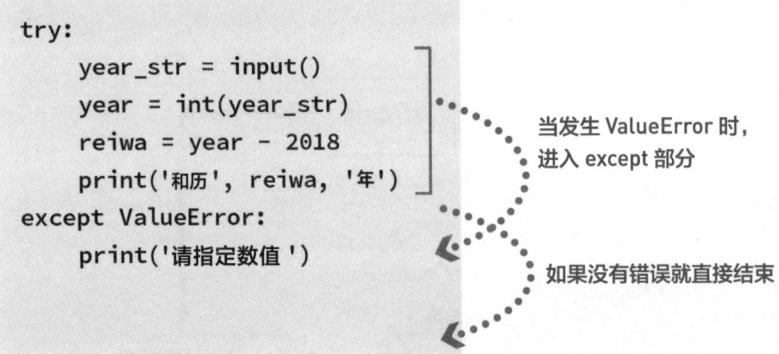

```
try:
    year_str = input()
    year = int(year_str)
    reiwa = year - 2018
    print('和历', reiwa, '年')
except ValueError:
    print('请指定数值 ')
```

当发生 ValueError 时，进入 except 部分

如果没有错误就直接结束

发生异常和没有发生异常的处理流程可能有些难以理解。试着运行出现异常的程序，熟悉并掌握处理流程吧。

处理和历功能的异常

1 改良和历命令 `pybo.py`

在wareki_command()函数中添加数值异常的处理。添加关键字try，从int()函数的处理到返回response之前都是try部分❶。使用except关键字指定ValueError，在指定数值以外的情况下，响应消息中指定表示提示信息的字符串并返回。

```
011  def_wareki_command(command):
012  ____wareki,_year_str_=_command.split()          1  添加try关键字
013  ____try:
014  _____year_=_int(year_str)                     2  令和的范围
015  _____if_year_>=_2019:
016  _____reiwa_=_year_-_2018                   3  令和年的计算
017  _____response_=_f'公元{year}年，令和{reiwa}年'
018  _____elif_year_>=_1989:                        4  同样的方式计算平成
019  _____heisei_=_year_-_1988
020  _____response_=_f'公元{year}年，平成{heisei}年'
021  _____else:                                     5  平成前的情况
022  _____response_=_f'公元{year}年，平成前的时代'
023  ____except_ValueError:                            6  添加except关键字
024  _____response_=_'请指定数值'
025  ____return_response
```

2 执行pybot

在和历命令中指定数值以外的情况下返回错误消息❶。

在其他命令中也添加异常处理，当异常发生时，返回错误消息。

1 输入"和历 元年"，按 Enter 键

显示"请指定数值"

[异常处理的熟练使用]

46 熟练使用异常处理

扫码看视频

学习要点

虽然在第45节中学习了异常的处理，但是异常处理有一个问题，那就是如果设置的异常范围和种类不正确，就无法知道发生了什么错误。另外，事先可以检查的错误情况可以使用if语句等进行处理。

→ 事先检查可能出现的错误情况

在第45节中介绍了使用try~except处理异常的方法。但是并不推荐使用try~except处理执行时的错误。在实际进行开发时，我们可以设想执行时可能出现的错误用if语句等先进行检查并避免。

我们可以通过isdigit()方法确认字符串是否是数值。在和历命令的程序中，如果使用isdigit()方法，可以进行如下改写。如果事先设想错误的情况，使用if语句检查的话，就能很容易明白程序出现的错误情况。

▶ 异常处理的情况

```
year_str_=_input() ·············输入2020或"元年"
try:
____year_=_int(year_str)_ ······try部分在这里开始
____reiwa_=_year_-_2018
____print('令和',_reiwa,_'年')···try部分在这里结束
except_ValueError:
____print('请指定数值')··········except部分在这里开始
```

第
7
章

熟
练
使
用
库

182

▶ 使用if语句检查值的情况

```
year_str␣=␣input()⋯⋯⋯输入2020或"元年"
if␣year_str.isdigit():⋯确认字符串能否转换成数值
␣␣␣␣year␣=␣int(year_str)
␣␣␣␣reiwa␣=␣year␣-␣2018
␣␣␣␣print('令和', reiwa,␣'年')
else:
␣␣␣␣print('请指定数值')
```

(→) 按错误的种类分类处理

如果在一个程序中发生了多种错误，想要改变每种类型输出的信息时，可以通过指定多个except关键字进行分割。

下面打开文件（pybot.txt），将其内容转换成数值。程序会在该文件不存在的情况下发生FileNotFoundError，在文件内容不是数字而是字符串时发生ValueError。在程序中分别使用except关键字接收对应的错误，显示适当的错误消息。

▶ 对应多种异常

```
try:
␣␣␣␣f␣=␣open('pybot.txt')
                    ⋯⋯⋯如果文件不存在就会发生FileNotFoundError
␣␣␣␣text␣=␣f.read()
␣␣␣␣f.close()
␣␣␣␣num␣=␣int(text)⋯⋯⋯如果转换失败就会发生ValueError
␣␣␣␣print(num)
except␣FileNotFoundError:
␣␣␣␣print('文件不存在')
except␣ValueError:
␣␣␣␣print('请指定数值')
```

> 在有可能发生多种异常的情况下，按照异常的种类进行区分处理吧。

○ 在和历功能和星期功能中追加异常处理

1 使用和历命令实现检查数值 `pybot.py`

在wareki_command()函数中输入数值以外的值时，改写为事先检查而不是异常的处理。删除在第45节中添加的try语句，使用isdigit()方法

检查字符串是否可以转换成数值❶。except关键字部分改写成else语句❻。

```
011  def_wareki_command(command):
012  ____wareki,_year_str_=_command.split()
013  ____if_year_str.isdigit():                    1  确认是否能转换成数值
014  _____year = int(year_str)
015  _____if_year_>=_2019:                       2  令和的范围
016  _____reiwa_=_year_-_2018               3  令和年的计算
017  _____response_=_f'公元{year}年，令和{reiwa}年'
018  _____elif_year_>=_1989:                     4  同样的方式计算平成
019  _____heisei_=_year_-_1988
020  _____response_=_f'公元{year}年，平成{heisei}年'
021  _____else:__                                5  平成前的情况
022  _____response_=_f'公元{year}年，平成前的时代'
023  ____else:                                      6  except关键字部分改写成else语句
024  _____response_=_'请指定数值'
025  ____return_response
```

2 星期命令处理多个异常 `pybot_datetime.py`

在第41节中追加的用于处理星期命令的weekday_command()函数，可以输入年月日就显示星期。考虑到这个命令有可能出现多个异常，因此追加多个except部分。首先使用try包围整个命令的处理❶❷。

输入"星期 2020 5"的话，由于没有指定日会发生IndexError❸。如果不指定"星期"这样的数值，或者指定了"星期 2020 2 30"这样不可能会出现的日期，就会发生ValueError❹。

```
013  def_weekday_command(command):
014  ____try:                                          ┌─1─┐ 添加try关键字
015  _____data_=_command.split()
016  _____year_=_int(data[1])
017  _____month_=_int(data[2])
018  _____day_=_int(data[3])                         ┌─2─┐ 进一步缩进
019  _____one_day_=_date(year,_month,_day)
020
021  _____weekday_str_=_'一二三四五六日'
022  _____weekday_=_weekday_str[one_day.weekday()]
023
024  _____response_=_f'{one_day}_是_星期{weekday}'
025  ____except_IndexError:                             ┌─3─┐ 对应IndexError
026  _____response_=_'指定3个值(年月日)'
027  ____except_ValueError:                             ┌─4─┐ 对应ValueError
028  _____response_=_'指定正确的日期'
029  ____return_response
```

3 | 执行pybot

执行和历命令返回与之前相同的结果。执行　错误信息。
星期命令会对应多个异常情况，分别返回对应的

用和历命令确认错误信息

用星期命令确认错误信息

扫码看视频

47 [异常处理的熟练使用❷]

输出异常的内容

学习要点

当我们运行程序时，当然希望程序最好不要停止运行。但如果为了不出现任何异常而将其隐藏，就会出现其他问题。在学习熟练处理异常时，让我们来了解一下如何输出异常的内容，以便知道发生了什么样的异常。

➜ 不轻易放过错误

在pybot中，即使发生错误，也只是那个命令执行失败，程序并不会停止，还可以继续输入下一个命令。为此，要像下面这样将整个程序用try~except围起来，在except关键字中不指定异常的类型。这样的话，无论出现什

么样的异常，只要进入except部分就会提示"发生了意想不到的错误"这样的信息，程序就不会停止。但是，这样写的话，错误的类型和原因就无法得知了，也不能事先避免错误，导致无法应对。

▶ 接收任何异常的示例

```
while_True:
____try:
_____command_=_input('pybot_>')
_____...·····························命令处理时发生错误
____...
____except:·······················接收任何异常
_____print('发生了意想不到的错误')···不知道发生了什么样的错误
```

如果接收了任何异常，就无法了解程序中重要的错误。请不要编写这样的异常处理。

➔ 输出异常的内容

在异常处理中，可以获取发生异常的信息。在这种情况下，如果指定as关键字，发生的异常就会赋值给变量。另外，如果指定 Exception，则表示接收所有类型的异常。按照下面程序中写法，就能输出异常的内容。

▶ except ~ as的写法

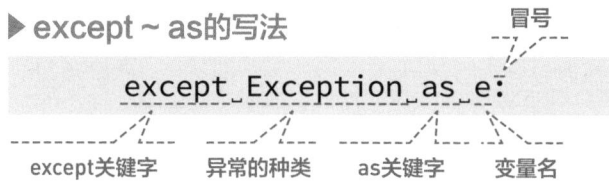

冒号

```
except_Exception_as_e:
```

except关键字　　异常的种类　　as关键字　　变量名

▶ 输出异常的内容

```
while_True:
____try:
_____command_=_input('pybot_>')
_____...·······························命令处理时发生错误
____...
____except_Exception_as_e: ◄·············
_____print('发生了意想不到的错误')
_____print('*_种类:',_type(e))····显示异常的种类
_____print('*_内容',_e)··········显示异常的内容
```

➔ 程序开发的过程中直接输出Traceback

在程序开发的过程中经常会发生错误。在上一个程序中显示了异常的种类和内容，但是因为不知道发生异常的位置，所以并没有真切地体会。在开发程序时，直接输出Traceback，显示哪个文件的第几行发生了什么样的错误，这样可以有效地调查具体的原因。

> 基本上就直接输出Traceback吧。无论如何都要接收所有异常的情况下，输出异常的种类。

处理整个pybot的异常

1 输出异常 `pybot.py`

在进行命令处理的while循环中使用try~except将其围起来❶❷。如果发生了什么异常，就用except关键字进行异常处理，输出异常的

内容❸。这样一来，即使发生了异常，pybot程序本身也会继续向下执行。

```
040  while_True:
041  ____command_=_input('pybot>_')
042  ____response_=_""
043  ____try:─────────────────────────  1  添加try关键字
044  _____for_message_in_bot_dict:
045  _____if_message_in_command:
046  _____response_=_bot_dict[message]
047  _____break
048
049  _____if_'和历'_in_command:
050  _____response_=_wareki_command(command)
051  _____if_'长度'_in_command:
052  _____response_=_len_command(command)
053  _____if_'干支'_in_command:
054  _____response_=_eto_command(command)
055  _____if_'选择'_in_command:
056  _____response_=_choice_command(command)      2  进一步缩进
057  _____if_'骰子'_in_command:
058  _____response_=_dice_command()
059  _____if_'今天'_in_command:
060  _____response_=_today_command()
061  _____if_'当前'_in_command:
062  _____response_=_now_command()
063  _____if_'星期'_in_command:
064  _____response_=_weekday_command(command)
065
066  _____if_not_response:
067  _____response_=_'我不知道你在说什么'
```

```
068 _____print(response)
069
070 _____if 'A再见' in command:
071 _____break
072 _____except Exception as e:
073 _____print('发生了意想不到的错误')
074 _____print(f'* 种类: {type(e)}')
075 _____print(f'* 内容: {e}')
```

3 添加except关键字

2 执行pybot

在执行"选择"命令时，不指定选择的对象；在执行"干支"命令时，不指定数值。程序出现异常，因为这些异常是可以事先处理的，所以我们可以将其改造成在各自命令函数中输出的适当错误信息。

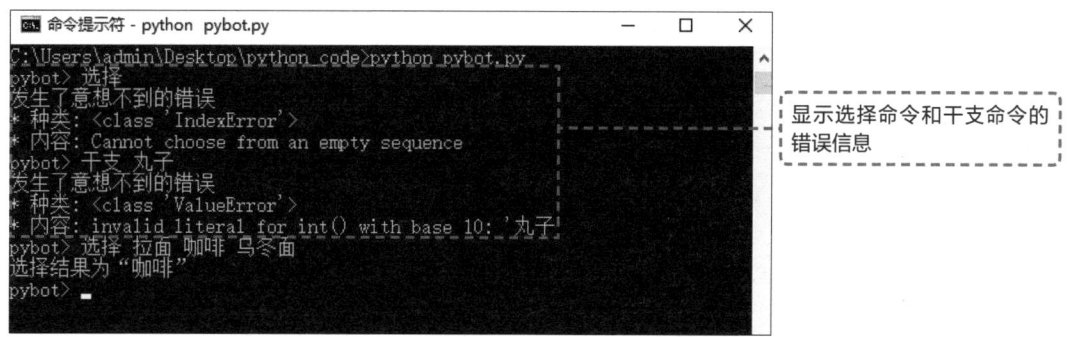

命令提示符 - python pybot.py

```
C:\Users\admin\Desktop\python_code>python pybot.py
pybot> 选择
发生了意想不到的错误
* 种类: <class 'IndexError'>
* 内容: Cannot choose from an empty sequence
pybot> 干支 丸子
发生了意想不到的错误
* 种类: <class 'ValueError'>
* 内容: invalid literal for int() with base 10: '丸子'
pybot> 选择 拉面 咖啡 乌冬面
选择结果为"咖啡"
pybot>
```

显示选择命令和干支命令的错误信息

第7章到此结束。接下来，我们将利用第三方软件包为pybot添加更多新功能。

👆 要点 介绍其他便利的库

第7章中介绍了random、math和datetime标准库。Python中还有其他非常便利的库。

在编写Python程序时，不要自己编写所有的处理，尽量使用标准库。当你想把多个文件以Zip的形式集中保存时，可以查阅Python的官方文档，或者在搜索网站中搜索"Python Zip保存"。请一定要最大限度地灵活使用Python中的库，这样可以使用较少的劳动力完成必要的程序。下面介绍几个常用的标准库。

▶ 常用标准库

名称	含义
re	指定模式（正则表达式）来解析邮政编码、邮件地址等特定的字符串
pathlib	可以进行文件和文件夹的参考、检索、制作等各种处理
collections	提供计数器、顺序字典、名称元组等各种数据类型
zipfile	Zip压缩文件的读写
csv	能够读写CSV（逗号分隔文本）文件
pdb	在调试Python程序时提供方便的功能
logging	提供用于输出日志的各种功能

https://docs.python.org/ja/3/library/

灵活运用标准库，可以让我们花费较少的精力制作程序。

第**8**章

熟练使用
第三方库

在第7章中，我们使用Python
标准库为bot添加了一些功
能。第8章将介绍如何使用
互联网上公开的、便利的第三
方库。

48 了解什么是第三方库

扫码看视频

学习要点

在这一节中，我们将会了解让Python变得更方便的第三方库。互联网上有收集库的网站，将它们引入到程序中，可以提升程序的执行效率。

➜ 什么是第三方库？

Python的标准库提供了各种各样的功能，这在第7章中已经进行了说明。除此之外，还有企业、用户、社区等开发并公开的第三方库。

很多第三方库都是在互联网上公开的，我们可以在许可的范围内自由使用。

▶ 从网上下载并使用第三方库

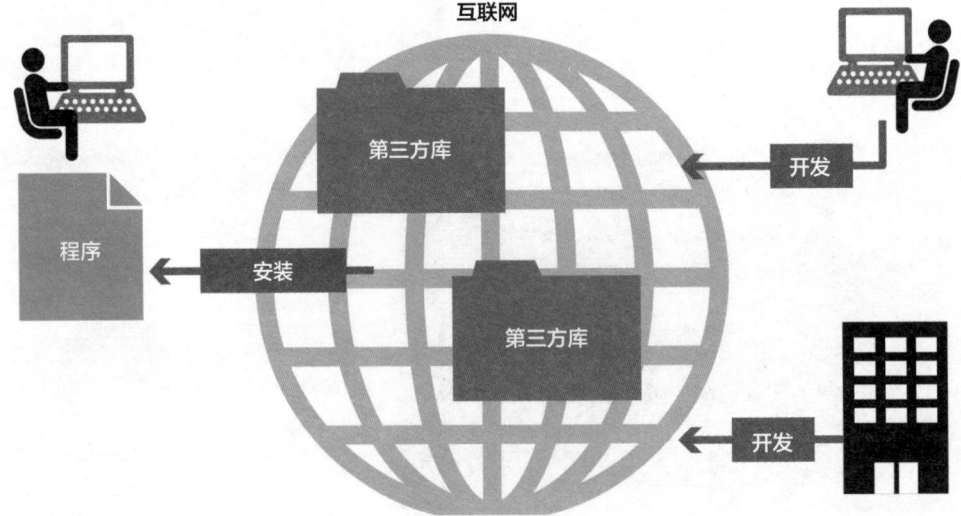

➜ 第三方库的用途

第三方库是Python的常用功能，其中包含了非常便利的库，提供了制作大规模应用的框架以及机器学习的库等。下面介绍几个例子。

▶ 第三方库的示例

名称	内容
Requests	HTTP通信库
Django	用于创建Web应用程序的框架
python-dateutil	Python标准的datetime扩展库
Pillow	图像处理库
scikit-learn	机器学习库
pandas	数据分析库

➜ PyPI:第三方库的共享网站

第三方库的相关信息公开在PyPI的网站上。在搜索框中输入关键词，可以找到所需功能的第三方库。

▶ PyPI: the Python Package Index

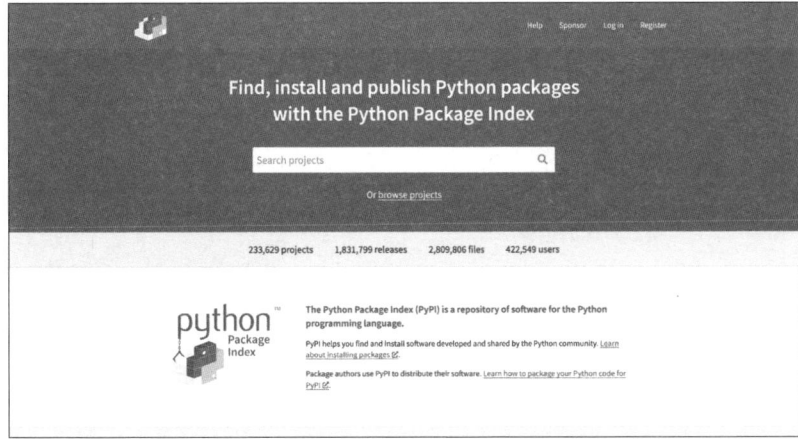

https://pypi.org/

49 安装第三方库

扫码看视频

学习要点

安装第三方库的pip命令会使Python一起被安装。在这里，我们主要来学习一下pip命令的使用方法。试着安装与Web通信功能相关的Requests库。

管理库的pip命令

使用pip命令可以安装和卸载第三方库。pip命令有以下功能，用于管理第三方库。

macOS中使用pip3命令。

▶ pip命令的主要功能

子命令	操作
install	用于安装库
uninstall	用于卸载库
list	显示已安装库的列表

▶ pip命令的写法

```
pip  install  requests
```

pip命令　　　子命令　　　第三方库的名称

pip命令可以从网上下载软件包进行安装。

Requests库可以与Web服务器通信

这次安装的requests软件包将在Python中追加进行HTTP通信的Requests库。HTTP是指可以在互联网上用于交换Web页面信息的通信方式（协议）。通常Chrome或Edge等Web浏览器会按照HTTP标准发送请求，用于接收网络请求的Web服务器会返回响应。安装Requests之后，Python就可以代替Web浏览器发送请求并接收响应。实际上，Python标准库中也有urllib.request这种提供同样功能的库，但是Requests操作起来更直观，所以很受欢迎。详细的使用方法将在第51节中再次进行介绍。

▶ 从URL中获取信息图像

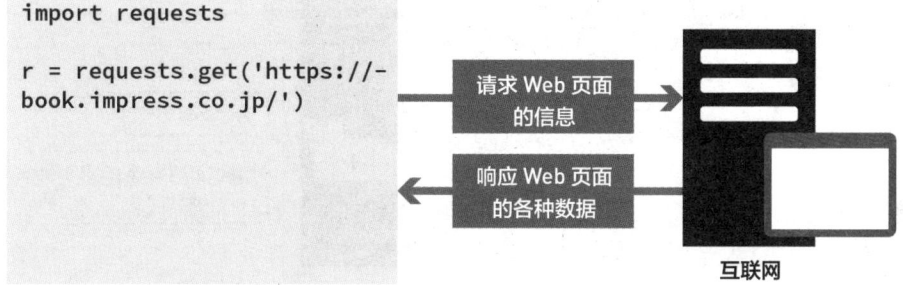

▶ Requests的Web网站

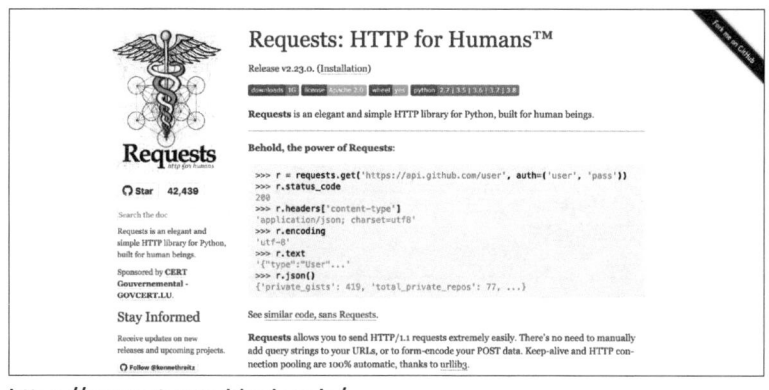

https://requests.readthedocs.io/

使用Requests，可以轻松获取网络信息。

安装第三方库

1 安装软件包

使用pip命令安装第三方软件包。在命令提示符中输入以下命令安装requests包❶。执行命令后，会从PyPI中下载并安装requests的最新版本（编写时为2.23.0）。另外，由于requests有几个依赖的软件包，所以那些软件包也会一并被安装。

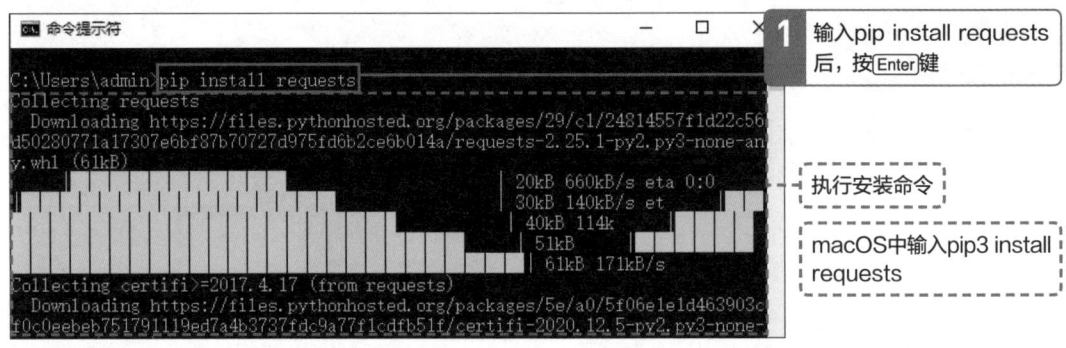

小贴士　安装命令的写法

▶ install子命令

pip命令　　　install子命令　　　第三方库的名称

2 确认可以从程序中使用

下面是requests的示例程序。请创建名为requests_sample.py的程序文件并保存❶❷。requests如果指定了URL，可以访问指定的URL获取信息。执行程序后会输出访问结果的代码，正常访问时会在命令提示符中显示200❸。

▶ requests_sample.py

```
001  import requests
002
003  r = requests.get('https://book.impress.co.jp/')
004  print(r.status_code)
```

1 访问指定的Web网站

2 显示结果

3 输入python requests_sample.py后，按Enter键

通信成功后显示结果为200

表示访问网站结果的数值叫作"状态码"。除了有表示访问成功的200，还有访问失败的404。

3 确认已安装的包的列表

使用pip命令查看安装的软件包列表。在命令提示符中输入list子命令，确保已经安装了requests及其依赖包❶。pip和setuptools是为了管理软件包一开始就安装的东西。

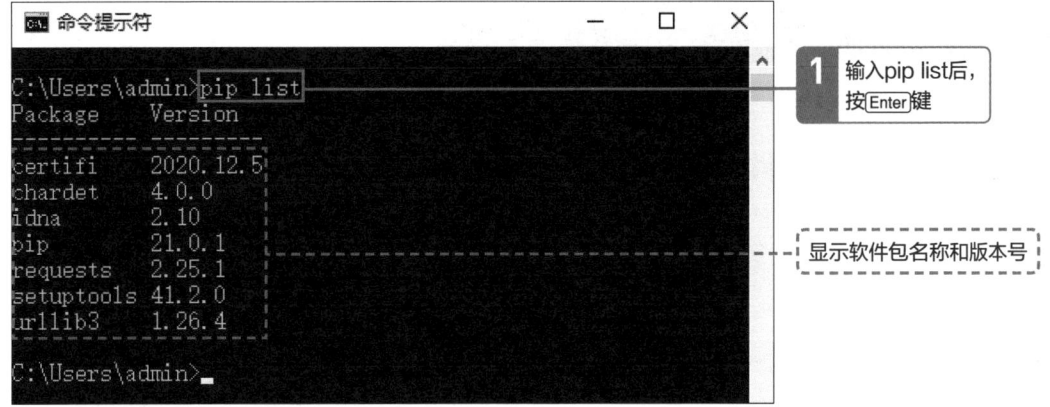

1 输入pip list后，按Enter键

显示软件包名称和版本号

小贴士　显示已安装软件包命令的写法

▶ list子命令

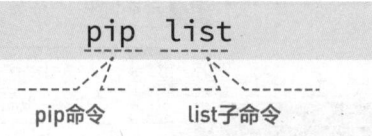

pip命令　　　list子命令

⬤ 卸载第三方库

1 卸载软件包

接下来卸载软件包。执行以下命令卸载指定的软件包。因为依赖软件包不会自动卸载，所以需要指定软件包名称进行卸载。在卸载时，标准情况会显示确认信息，但是指定-y选项的话不确认就会删除软件包。

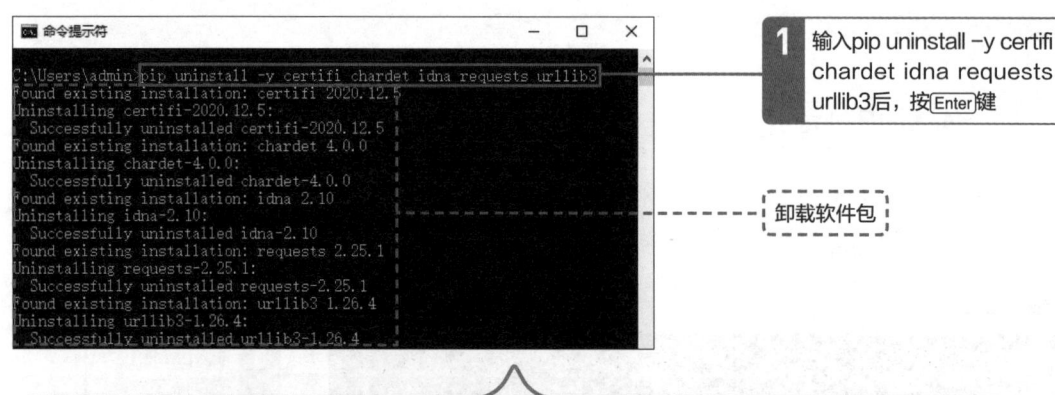

> **1** 输入pip uninstall -y certifi chardet idna requests urllib3后，按 Enter 键

卸载软件包

小贴士　卸载软件包命令的写法

▶ uninstall子命令的使用方法

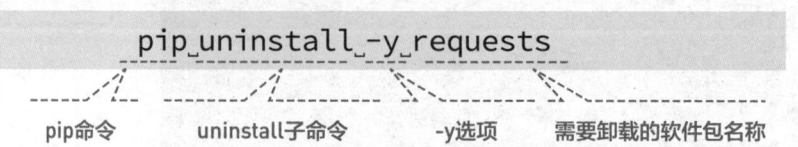

pip命令　　uninstall子命令　　-y选项　　需要卸载的软件包名称

2 确认无法从程序中使用

卸载软件包之后运行requests_sample.py文件。因为requests不存在而发生Module-NotFoundError，程序终止。

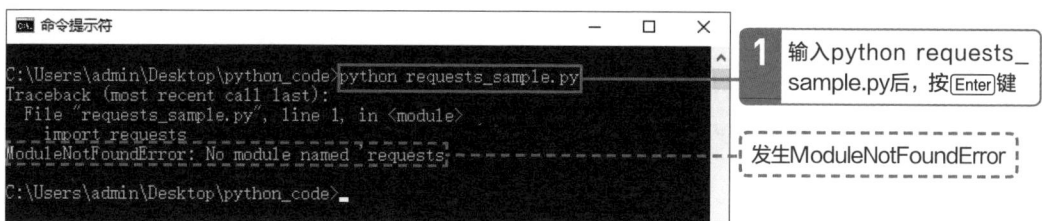

1 输入python requests_sample.py后，按 Enter 键

发生ModuleNotFoundError

请记住pip命令可以安装和卸载软件包。

👍 **要点** 如何找到第三方库

和标准库一样，如果使用第三方库的话，可以减少自己编写程序的工作量。想要实现"获取Web页面的信息"，使用requests就能简单地制作程序并实现这种效果。查找第三方库有以下几种方法。

▶ **寻找第三方库的方法**

1. 使用PyPI进行搜索。
2. 使用搜索引擎寻找。
3. 请教他人。

推荐使用搜索引擎。虽然可以使用PyPI进行搜索，但是如果不能很好地指定搜索的关键词，就无法找到合适的软件包。如果有熟悉Python的朋友，推荐大家去咨询。

如果发现了多个提供类似功能的软件包，可能就会犹豫应该使用哪一个。

例如在搜索"使用Python获取Web信息的软件包"时，会看到urllib和requests。在这种情况下，你可以使用搜索引擎搜索"urllib和requests是什么""urllib vs requests"。通过这种方式可以找到软件包的比较信息和相关介绍等，很有参考价值。

50 创建一个虚拟环境

扫码看视频

学习要点

如果盲目安装软件包，可能会导致因版本不同使程序无法运行等问题。Python中的安全管理软件包机制，提供了虚拟环境。

→ 什么是虚拟环境？

当你听到虚拟环境时，会想到什么呢？在计算机的世界里，提到虚拟环境，很多人会想到在Windows、macOS等OS（主机OS）上创建Linux等其他OS（客户OS）的环境。

像这样的虚拟环境可以使用VMWare、VirtualBox等虚拟环境软件来实现。通过虚拟环境，我们可以在自己的PC上构建Linux等OS的环境，从而有效率地开发。

▶ 虚拟环境的示意图

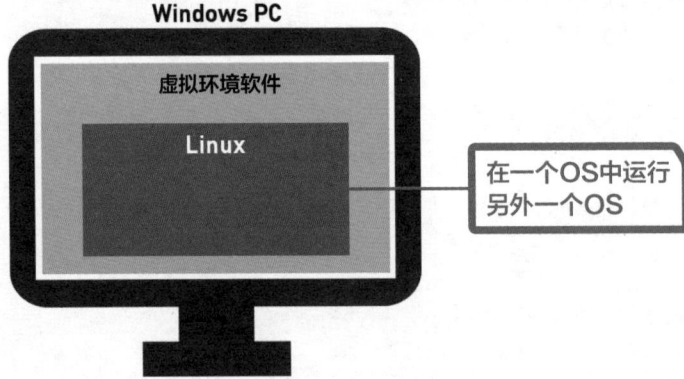

Windows PC

虚拟环境软件

Linux

在一个OS中运行另外一个OS

⊕ Python的虚拟环境（venv）

虚然Python也提供了venv虚拟环境的功能，但是这个虚拟环境并不是构建像刚才介绍的OS环境。Python虚拟环境是一个独立的Python环境，是安装了不同类型软件包的Python。

▶ venv虚拟环境的示意图

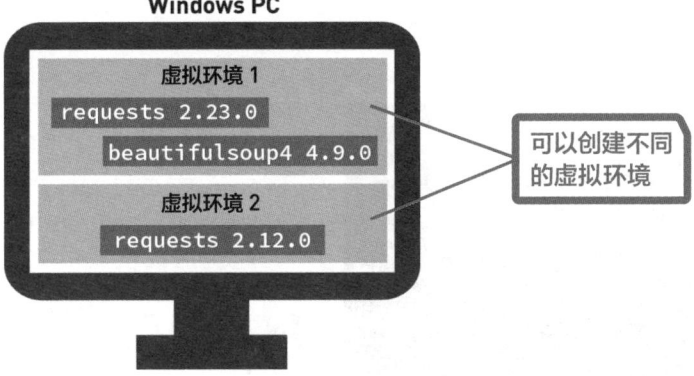

⊕ Python的虚拟环境是为了什么？

Python虚拟环境（venv）的用途是什么呢？在参与开发多个程序项目的情况下，每个项目使用的软件包都是不同的。

另外，即使使用了相同的软件包，版本也有可能是不同的。所有的项目都在最新版本的软件包中运行是最理想的情况。但是没有经过严格维护的程序无法在最新的软件包中运行，所以有时不得不使用旧版本。

为了避免这种问题，Python将为每个项目创建一个虚拟环境，并为每个环境安装了适当版本的软件包。

现在你理解Python虚拟环境的必要性了吗？

创建虚拟环境并安装软件包

1 创建虚拟环境

首先创建虚拟环境。要想创建虚拟环境，需要在python -m venv后面指定任意的环境名称（这里是env）。

如果创建了虚拟环境，在当前文件夹中会创建一个虚拟环境名称的文件夹，其中会生成虚拟环境的文件。

1 输入python -m venv env 后，按 Enter 键

macOS中输入的是python3 -m venv env

2 输入dir env后，按 Enter 键

macOS中输入的是ls env

确认文件夹和文件是否存在于env文件夹中

小贴士 使用-m选项执行模块

如果在python命令后指定-m选项，可以读取和执行写好的模块。在这种情况下，读取venv模块，并运行其中的程序，创建名为env的虚拟环境。

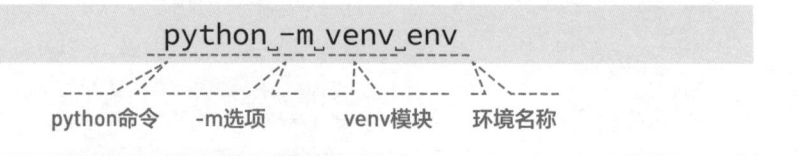

python命令　　-m选项　　venv模块　　环境名称

第 8 章　熟练使用第三方库

2 | 使虚拟环境有效

在虚拟环境中工作，需要执行"虚拟环境的有效化"操作。要想启用虚拟环境，需要在Windows下执行env\Scripts\activate.bat。如果是Windows的PowerShell，则需要执行env\Scripts\Activate.ps1。macOS中执行source env/bin/activate。启用虚拟环境的话，命令提示符会被改变，开头会显示环境名称（这里是env）。

1 输入env\Scripts\activate.bat后，按 Enter 键

在开头显示（env）

小贴士 activate.bat是什么?

activate.bat是被称为批文件的一种程序。根据刚才执行的venv模块，会在env文件夹中的Scripts文件夹内自动创建该程序。输入env\Scripts\activate.bat并运行后，虚拟环境会被启用。

3 | 在虚拟环境中安装软件包

在虚拟环境中安装第三方软件包。安装方法和之前一样，执行"pip install 软件包名称"命令。因为已经安装了requests包，所以刚才编写的示例程序也可以正常运行。

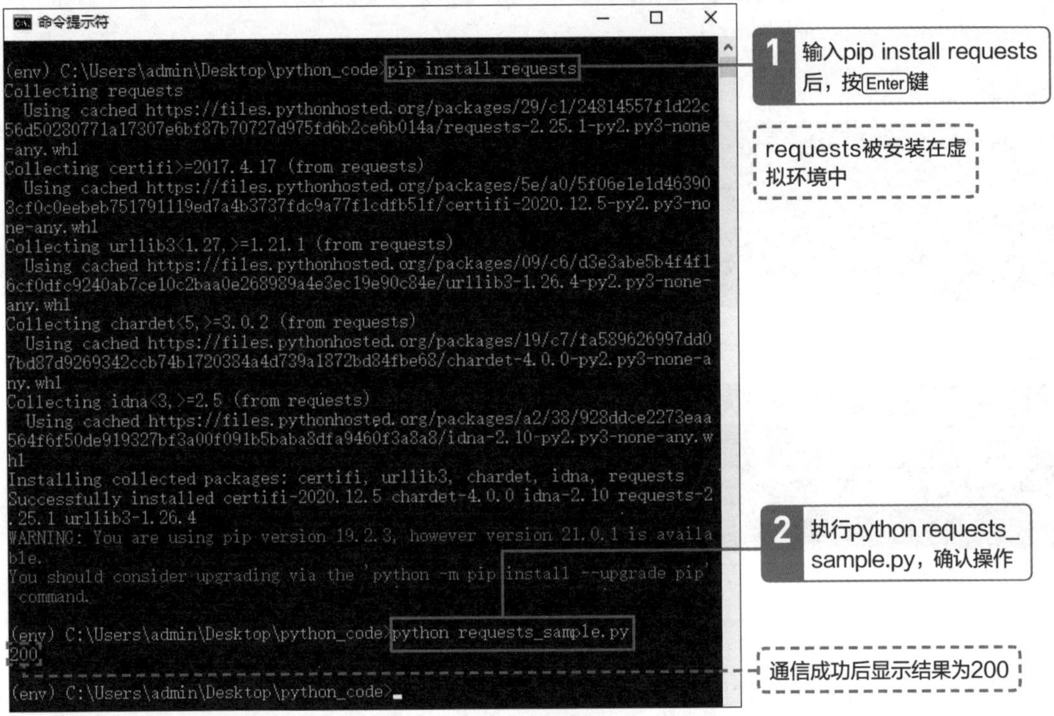

```
命令提示符                                              —  □  ×
(env) C:\Users\admin\Desktop\python_code>pip install requests
Collecting requests
  Using cached https://files.pythonhosted.org/packages/29/c1/24814557f1d22c
56d50230771a17307e6bf87b70727d975fd6b2ce6b014a/requests-2.25.1-py2.py3-none
-any.whl
Collecting certifi>=2017.4.17 (from requests)
  Using cached https://files.pythonhosted.org/packages/5e/a0/5f06e1e1d46390
3cf0c0eebeb751791119ed7a4b3737fdc9a77f1cdfb51f/certifi-2020.12.5-py2.py3-no
ne-any.whl
Collecting urllib3<1.27,>=1.21.1 (from requests)
  Using cached https://files.pythonhosted.org/packages/09/c6/d3e3abe5b4f4f1
6cf0dfc9240ab7ce10c2baa0e268989a4e3ec19e90c84e/urllib3-1.26.4-py2.py3-none-
any.whl
Collecting chardet<5,>=3.0.2 (from requests)
  Using cached https://files.pythonhosted.org/packages/19/c7/fa589626997dd0
7bd87d9269342ccb74b1720384a4d739a1872bd84fbe68/chardet-4.0.0-py2.py3-none-a
ny.whl
Collecting idna<3,>=2.5 (from requests)
  Using cached https://files.pythonhosted.org/packages/a2/38/928ddce2273eaa
564f6f50de919327bf3a00f091b5baba8dfa9460f3a8a8/idna-2.10-py2.py3-none-any.w
hl
Installing collected packages: certifi, urllib3, chardet, idna, requests
Successfully installed certifi-2020.12.5 chardet-4.0.0 idna-2.10 requests-2
.25.1 urllib3-1.26.4
WARNING: You are using pip version 19.2.3, however version 21.0.1 is availa
ble.
You should consider upgrading via the 'python -m pip install --upgrade pip'
 command.
(env) C:\Users\admin\Desktop\python_code>python requests_sample.py
200
(env) C:\Users\admin\Desktop\python_code>_
```

1 输入pip install requests后，按 Enter 键

requests被安装在虚拟环境中

2 执行python requests_sample.py，确认操作

通信成功后显示结果为200

4 | 禁用虚拟环境

使虚拟环境无效，回到原来的环境。执行deactivate命令禁用虚拟环境，命令提示符会恢复到之前的状态。

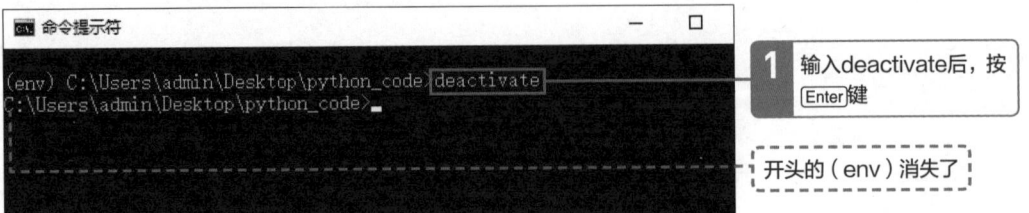

```
命令提示符                                              —  □
(env) C:\Users\admin\Desktop\python_code>deactivate
C:\Users\admin\Desktop\python_code>_
```

1 输入deactivate后，按 Enter 键

开头的（env）消失了

5 运行程序失败

禁用虚拟环境后，在原来的环境中再次运行示例程序。由于之前的环境中没有安装requests，所以会发生ModuleNotFoundError。

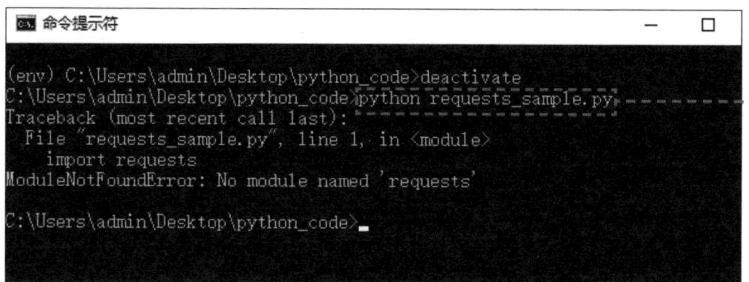

执行requests_sample.py时发生错误

从这里开始，我们在env虚拟环境中操作。注意观察命令提示符，明确当前所处的环境。

👍 **要点** 试用软件包也可以使用虚拟环境

本书主要介绍Python虚拟环境的必要性，Python的虚拟环境很容易创建和删除，在尝试使用第三方软件时也很方便。当判断不需要试用的软件包时，只要删除每个虚拟环境（env文件夹），就会删除每个内含的软件包。

▶ 在虚拟环境中测试软件包

```
C:¥>_python_-m_venv_env
C:¥>_env¥Scripts¥activate.bat
(env)_C:¥>_pip_install_requests······安装软件包
(env)_C:¥>_python····················运行Python交互模式
>>>_import_requests
>>>_...·····························试用软件包
>>>_exit()
(env)_C:¥>_deactivate
C:¥>······························不需要的话可以删除env文件夹
```

[Requests库和BeautifulSoup4库]

51 使用第三方库获取天气信息

学习要点

我们可以使用venv模块创建虚拟环境。接下来，在虚拟环境中安装第三方库Requests和BeautifulSoup4，并使用这两个库获取天气信息。

→ 使用Requests的方法

在Requests的get()方法中指定URL，可以获取任何Web页面的信息。执行get()方法后，将返回并保存从Web服务器发送的各种数据。

.status_code中包含来自Web服务器响应的状态码。.text中包含HTML文件。如果全部显示会很长，这里只输出了前130个字符。从输出内容来看，似乎正确获取了京东计算机类书籍的页面。

▶ 显示获取Web页面信息的示例

```
import_requests
```

```
r_=_requests.get('https://book.impress.co.jp/category/series/easybook/')
print(r.status_code)······显示200（表示正常结束的状态码）
print(r.text[:130])······显示HTML的前130个字符
```

显示HTML的前130个字符

➔ Requests库的使用

我们从网页中获取需要的数据时，首先需要通过网络链接并获取网页内容，然后对获取的网页内容进行处理。

其中，get()是获取网页最常用的形式，在调用requests.get()之后，返回的网页内容会保存为一个Response对象。

▶ Requests库的网页请求方法

方法名	说明
get()	对应于HTTP的GET方式，获取HTML网页最常用的方法
put()	对应于HTTP的PUT方式，向HTML页面提交PUT请求的方法
post()	对应于HTTP的POST方式，向HTML页面提交POST请求的方法
head()	对应于HTTP的HEAD方式，获取HTML网页头信息的方法
delete()	对应于HTTP的DELETE方式，向HTML页面提交删除请求
patch()	对应于HTTP的PATCH方式，向HTML页面提交删除请求

➔ Response对象

requests.get()表示请求过程，返回的Response对象表示响应。返回内容作为一个对象便于操作。Response对象的属性如下表所示。

▶ Response对象的属性

属性	说明
status_code	HTTP请求返回的状态（整数）。200表示链接成功，404表示链接失败
text	HTTP响应内容的字符串形式，也是URL对应的页面内容
encoding	HTTP响应内容的编码方式
content	HTTP响应内容的二进制形式

⊕ 以JSON格式返回结果

requests.get()返回的响应内容就像表示数据程序一样的字符串，这样的字符串被称为JSON (JavaScript Object Notation)格式，是Python中将字典、列表等数据转换为文本格式的方法。就像它的名字JavaScript一样，它是以JavaScript编程语言为基础的数据形式，被广泛应用于互联网上的信息交换。通过使用JSON格式，可以在不同的编程语言之间正确地传递诸如列表、字符串、数值之类的数据。在Requests中，可以通过.json()方法将JSON格式的响应转换为Python字典等数据进行获取。

▶ 使用JSON格式传递数据

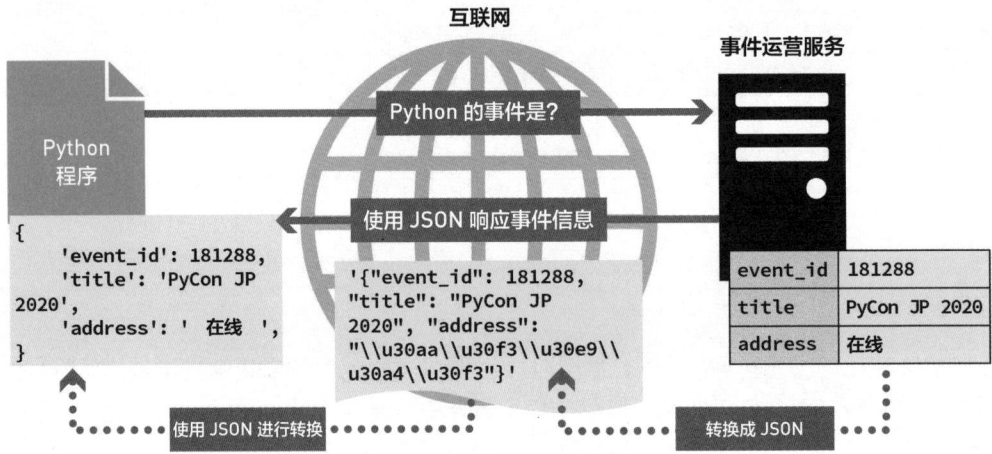

▶ 使用.json()方法来转换json格式

```
import requests


r = requests.get('https://connpass.com/api/v1/event/?keyword=Python,东京')
event_data = r.json()······获取JSON响应
```

➔ BeautifulSoup4库

BeautifulSoup库是Python第三方库中的一个解析库。BeautifulSoup4是第4个版本，主要提供一些简单的函数来处理导航、搜索、修改等功能。它最主要的功能就是从网页中获取数据。我们可以在PyPI的搜索框中输入BeautifulSoup4，查看相关介绍。

▶ 在PyPI中搜索第三方库

https://pypi.org/

➔ 安装方法和解析器

在使用BeautifulSoup4抓取网页数据之前需要使用pip命令安装该库和lxml解析器。BeautifulSoup4是爬虫的必备技能，可以实现解析和提取HTML/XML数据。它支持Python标准库中的HTML解析器和第三方的解析器。通常情况下不会使用Python默认的解析器，而是使用lxml解析器。通过学习该库，我们可以增加一种获取数据的方法。

▶ 安装BeautifulSoup4和lxml

```
pip install beautifulsoup4······安装BeautifulSoup4库
pip install lxml ··············安装lxml解析器
```

▶ **BeautifulSoup支持的解析器**

解析器	使用方法	介绍
Python标准库	BeautifulSoup(makeup,'html.parser')	Python的内置标准库，执行速度中等，文档容错能力强
lxml HTML解析器	BeautifulSoup(makeup,'lxml')	速度快，文档容错能力强
lxml XML解析器	BeautifulSoup(makeup,'xml')	速度快，唯一支持XML的解析器
html5lib	BeautifulSoup(makeup,'html5lib')	容错性最佳，以浏览器的方式解析文档，生成HTML5格式的文档

→ BeautifulSoup对象

　　BeautifulSoup会将复杂的HTML文档转换成复杂的树形结构，每个节点都是Python对象。所有的对象可以总结为以下4种。

　　另外，BeautifulSoup还有两个常用的方法，分别是find()和find_all()。这两个方法是BeautifulSoup内置的查找方式。

▶ **BeautifulSoup的4种对象**

对象	说明
Tag	相当于一个个标签,比如HTML标签加上里面包含的内容就是Tag
NavigableString	可遍历字符串
BeautifulSoup	一个文档的全部内容,还可以将它作为一个特殊的Tag对象
Comment	是一种特殊类型的NavigableString对象,输出的内容不包括注释符号

▶ **BeautifulSoup的方法**

方法名	作用
find()	返回第一个匹配到的结果
find_all()	返回所有匹配到的结果

○ 从网页中获取天气信息

1 使虚拟环境有效化

　　将在第50节中创建的虚拟环境有效化。移动到创建了虚拟环境的文件夹中，在Windows中执行env\Scripts\activate.bat，macOS中运行source env/bin/activate❶。执行上述操作之后，确保环境名称（env）在命令提示符的最前面。

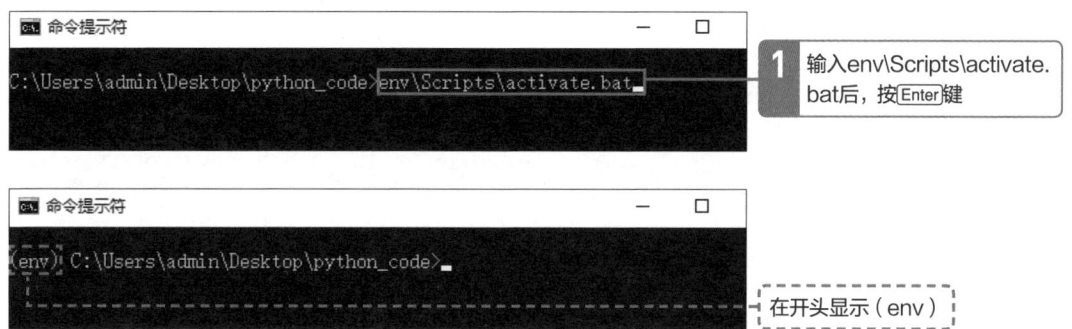

輸入env\Scripts\activate.bat后，按Enter键

在开头显示（env）

2 安装第三方库和解析器

　　在编写程序之前需要在虚拟环境中分别使用pip命令安装第三方库BeautifulSoup4和lxml解析器❶❷。

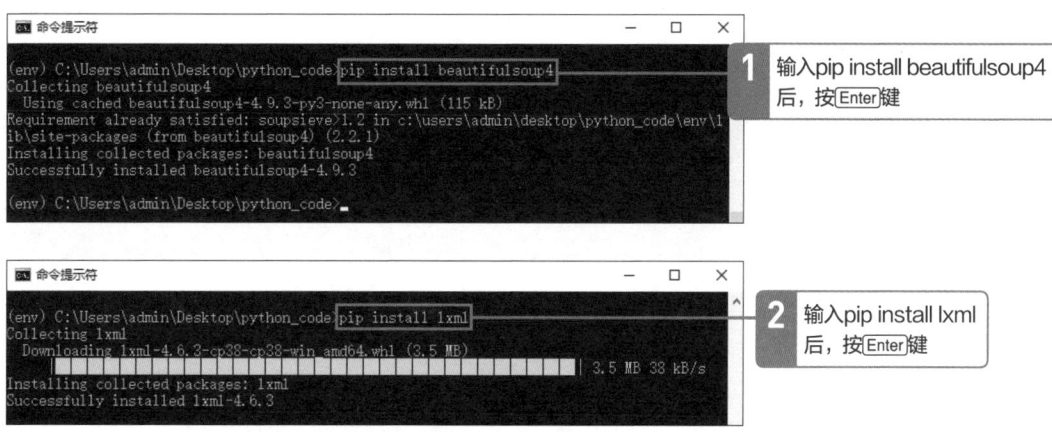

輸入pip install beautifulsoup4后，按Enter键

輸入pip install lxml后，按Enter键

3 导入模块 `weather_sample.py`

首先使用import语句导入requests和BeautifulSoup两个模块❶。这里指定的URL地址是"中国天气"网站中其中一个城市的天气网址❷。你也可以使用其他城市的网址查询天气信息。

第5行中使用了用户代理，即User-Agent❸。

它是HTTP协议的一部分，是一种向访问网站提供你所使用的浏览器类型及版本、操作系统及版本、浏览器内核等信息的标识。

通过这个标识，用户所访问的网站可以显示不同的排版，从而为用户提供更好的体验或者进行信息统计。

```
001  import requests
002  from bs4 import BeautifulSoup          1 导入BeautifulSoup模块        2 指定URL地址
003
004  url = 'http://www.weather.com.cn/weather/101230101.shtml'
     header = {'User-Agent': 'Mozilla/5.0 (Windows NT 10.0; Win64; x64) '
005                          'AppleWebKit/537.36 (KHTML, like Gecko) '
                            'Chrome/69.0.3486.0 Safari/537.36'}        3 用户代理
```

4 获取纯文本

使用requests的get()方法发送GET请求，get()方法中接收了两个参数，URL请求地址和

headers❶。Requests库默认的编码方式是Unicode编码，这里指定的编码方式为utf-8❷。

```
006
007  response = requests.get(url=url, headers=header)     1 发送GET请求
008  response.encoding = 'utf-8'               2 指定编码方式
```

5 使用库进行解析

接下来使用BeautifulSoup进行解析，这里使用的解析器是lxml，指定response.text可以得到纯文本❶。通过BeautifulSoup的特性可以定位元素以及输出一些标签，这里定位的ul标签，指定了class属性可以使定位更准确❷。最后去除一些换行符并输出天气信息。

```
008  response.encoding_=_'utf-8'
009
010  soup_=_BeautifulSoup(response.text, 'lxml')    1  使用BeautifulSoup进行解析
011  weather_=_soup.find('ul',_class_='t_clearfix')    2  定位元素
012  print(str(weather.text).replace('\n',_''))
```

6 执行程序

在命令提示符中输入python weather_sample.py，运行程序获取天气信息❶。从结果中可以看到，获取的是一周的天气信息。

1 输入python weather_sample.py后，按Enter键

```
(env) C:\Users\admin\Desktop\python_code>python weather_sample.py
21日（今天）多云转阴28/19℃3-4级转<3级22日（明天）多云29/21℃<3级23日（后天）
多云31/21℃3-4级转<3级24日（周六）多云转小雨27/19℃3-4级25日（周日）小雨转多云
24/19℃<3级26日（周一）小雨转多云24/20℃3-4级转<3级27日（周二）小雨26/21℃<3级

(env) C:\Users\admin\Desktop\python_code>_
```

输出的天气信息

Requests库和BeautifulSoup4库常用于网络爬虫，非常便利。

52 学习简单的中文分词操作

学习要点

在这一节中，我们主要学习与自然语言有关的基础知识。在对中文文本进行分析时，或多或少都会接触到jieba库，这是一个优秀的中文分词第三方库。

中文分词工具jieba库

与英文单词之间的分隔写法不同，中文文本中所有的词语都是连续的，这是无法直接进行语素分析的。而jieba是一款优秀的Python第三方中文分词库，需要额外安装。使用它，我们可以顺利地对中文文本进行分词，从而可以进行文本挖掘与文本分析。

jieba库有三种分词模式，分别是精确模式、全模式和搜索引擎模式。在进行中文文本分析时，这三种模式各有所长。

▶ jieba分词的三种模式

模式	说明
精确模式	可以将句子最精确地切分，适合文本分析
全模式	将句子中所有词语扫描出来，速度快，但不能解决歧义
搜索引擎模式	在精确模式的基础上，对长的词语再次切分

▶ jieba分词的程序示例

```
import jieba

text = '我们一定可以顺利地走出困境'·····待分词文本
text_cut = jieba.cut(text)········开始分词
print(' '.join(text_cut))
·······························分词结果为"我们 一定 可以 顺利 地 走出 困境"
```

第 8 章 熟练使用第三方库

⊕ jieba分词的原理

jieba分词依赖的是中文词库。利用中文词库，可以确定汉字之间的关联概率。汉字之间概率大的会组成词组，从而形成分词结果。

除了分词，用户还可以添加自定义的词组。另外，jieba库还有一些比较常用的方法，供我们进行分词操作。

▶ jieba库常用的方法

方法	说明
jieba.cut()	可接收3个参数，返回的是一个可迭代的数据类型
jieba.lcut()	可接收3个参数，返回的是一个list
jieba.cut_for_search()	接收两个参数，分别是需要分词的字符串和HMM参数
jieba.lcut_for_search()	接收两个参数，返回的是一个list
jieba.add_word(w)	向分词词典中添加新词

⊕ jieba库的主要功能

使用jieba，通过程序处理各种信息就需要将文本中的信息单独取出，再进行下一步的分析。jieba是一个中文分词库，其主要的功能如下所示。

▶ jieba的几个主要功能

功能	说明
分词	使用jieba提供的方法可以进行不同精度的分词
添加自定义词典	用户可以指定自己自定义的词典，以包含jieba词库中没有的词语
关键词提取	可以基于不同的算法进行关键词的抽取
词性标注	标注句子分词后每个词语的词性
并行分词	将目标文本按行分隔后，把各行文本分配到多个Python进行并行分词，归并结果，从而提升分词的速度

统计文本中的高频词语

1 安装jieba库

进入python_code文件夹中，使用env\Scripts\activate.bat命令进入虚拟环境后，在命令提示符中使用pip命令安装jieba库。

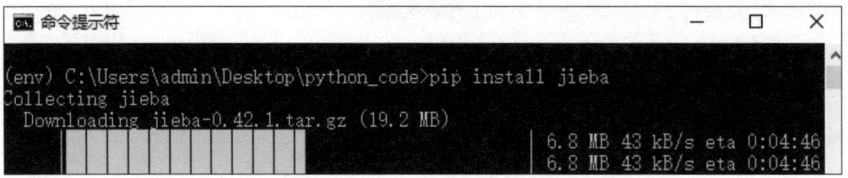

2 分词前的数据准备

在进行文本分词之前，需要导入jieba分词库、re正则表达式库和collections词频统计库❶。

其中re和collection是Python的标准库，不需要额外安装，直接使用import语句导入使用即可。这里指定的测试文件是与程序文件在同一路径下的test.txt文本文件❷。num表示统计词语的个数，这里指定为10❸。stop_words.txt是停用词表❹，里面记录一些无意义的符号或词语。使用此文件可以将测试文本中无意义的词语和符号排除在外。之后，使用open()打开测试文件。

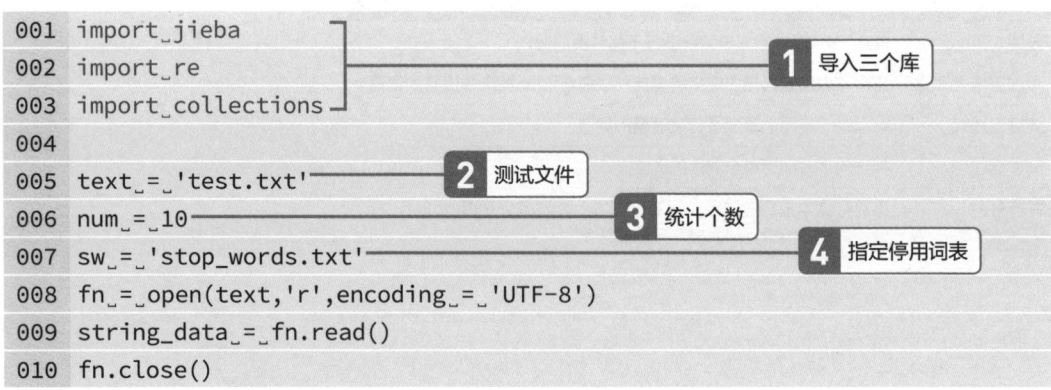

```
001  import jieba          ⎤
002  import re             ⎥  1  导入三个库
003  import collections    ⎦
004
005  text = 'test.txt'        2  测试文件
006  num = 10                 3  统计个数
007  sw = 'stop_words.txt'    4  指定停用词表
008  fn = open(text,'r',encoding = 'UTF-8')
009  string_data = fn.read()
010  fn.close()
```

3 | 对测试文本进行预处理

在正式对文本进行词频统计之前需要先取出无意义的字符。这里使用的是re正则表达式匹配文本中的标点符号、空格等，通过re.sub()将符合的字符删除❶。然后利用jieba.cut进行精确模式的分词❷。

接着再使用停用词表去除文本中的无用字词。使用for语句循环读出每个分词后的词语。如果不在stopwords词库中，则将词语追加到result_list列表中。

```
011
012 pattern_=_re.compile(u'\t|\n|\.|-|:|;|\)|\(|\?|"|"|, |。| ')
013 string_data_=_re.sub(pattern,_'',_string_data)
014 text_cut_=_jieba.cut(string_data,_cut_all=False,_HMM=True)
015 result_list = []
016
017 with open(sw,_'r',_encoding='UTF-8')_as_useless_file:
018 ____stopwords_=_set(useless_file.read().split('\n'))
019 stopwords.add('_')
020 for_word_in_text_cut:
021 ____if_word_not_in_stopwords:
022 _____result_list.append(word)
```

2 精确模式分词　　**1** 正则表达式的模式匹配

4 | 进行词频统计

在分词操作之后，需要使用collections.Counter()对分词进行词频统计❶。

使用most_common()获取前10个最高频的词语❷。

```
023
024 word_counts_=_collections.Counter(result_list)
025 word_top_=_word_counts.most_common(num)
```

1 统计词频　　**2** 获取高频词语

5 输出词频统计结果

在执行完分词和词频统计之后，使用for循环 结果输出。
获取词语和词频❶。然后使用print()函数将统计

```
026  word_top_=_word_counts.most_common(num)
027
028  print_('\n词语\t词频')
029  print_('——————————')
030  count_=_0
031  for_TopWord,Frequency_in_word_top:
032  ____if_count_==_num:_
033  _____break
034  ____print(TopWord_+_'\t',str(Frequency)_+_'\t')
035  ____count_+=_1
```

1 获取词语和词频

6 执行程序

在命令提示符中输入python jieba_sample. 以看到输出了词频最高的前10个词语。
py❶。运行程序获取词频统计结果。从结果中可

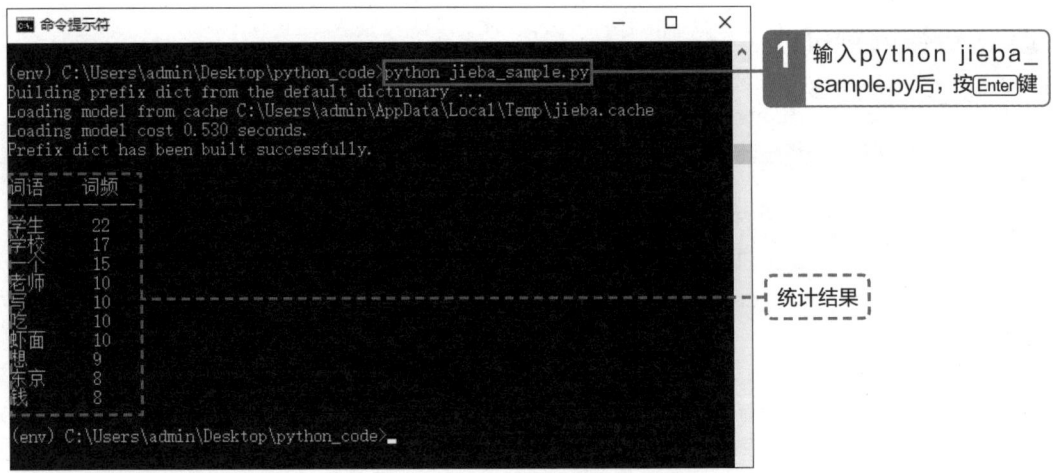

1 输入python jieba_
sample.py后，按 Enter 键

统计结果

第9章

创建Web
应用程序

到第8章为止，我们已经创建了在命令提示符中运行的应用程序。在第9章中将介绍构建使用Web浏览器操作的Web应用程序。

53 了解Web应用程序

扫码看视频

学习要点

使用Python可以轻松地制作Web应用程序。首先，让我们来了解一下Web应用程序是什么样的，以及它的结构特征和工作原理。请记住Web服务器、请求、响应等用语。

➡ Web应用程序

Web应用程序是从Web浏览器使用的应用程序。Web应用程序是通过Web浏览器与互联网上的Web服务器通信并交换数据来工作的。Web服务器接收来自Web浏览器的请求，返回Web页面中的数据……这就是计算机的工作流程。Web服务器返回的数据不是静态的（固定的）页面，而是动态的数据页面，并作为应用程序运行。应用程序的例子有购物网站、地图服务、SNS服务等。

▶ Web应用程序的操作

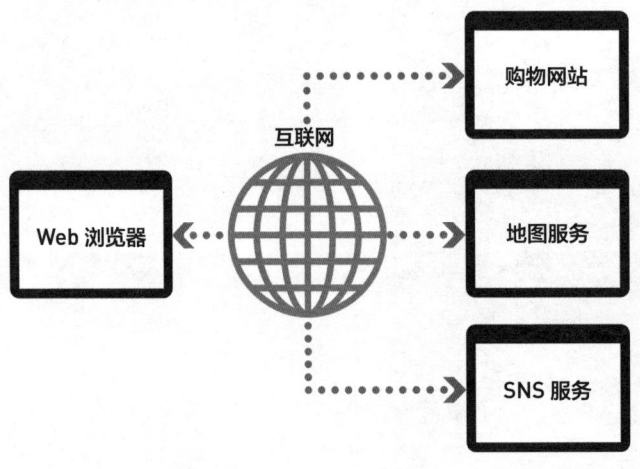

比如Google的检索服务、Amazon购物网站等，这些也是大家日常会用到的Web应用程序。

⊙ Web应用程序的广泛使用

为了使用第8章之前制作的程序，需要安装Python，并在命令提示符下运行。因此，即使想让更多人使用这些程序，也会变得很困难。如果是Web应用程序，用户方面就不需要安装Python。

如果开发者将Web应用程序发布到互联网上，用户只需要通过Web浏览器访问该URL就可以使用。因此，很多人都可以使用我制作的程序。

▶ 通过Web浏览器访问互联网使用应用程序

⊙ 与Web服务器交换请求和响应

Web应用程序是如何工作的？在网站上，基本上都是由Web浏览器发送"想要这样的信息"的消息，然后由Web服务器返回响应消息。从Web浏览器发送的消息称为请求，返回的消息称为响应。同样，Web应用程序也在请求和响应之间运行。

▶ 请求和响应

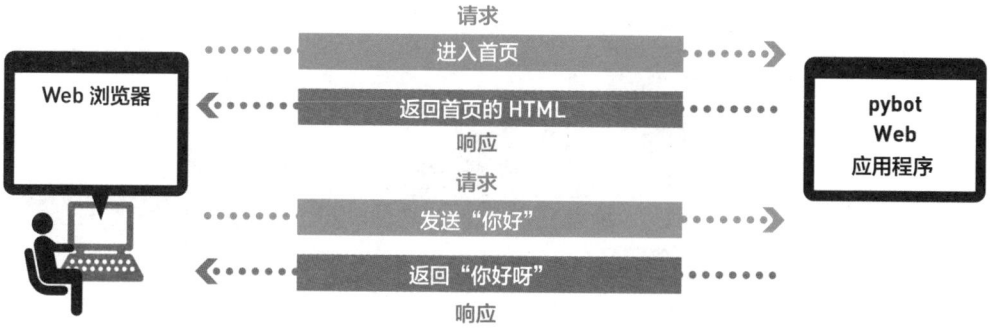

54 了解Web框架提供的功能

扫码看视频

学习要点

与在命令提示符上运行的程序不同，创建Web应用程序需要各种操作处理。我们先来了解一下Web应用程序所需的各种处理，这样可以更轻松地学习Web框架的开发。

→ 什么是框架？

框架是指"构架""骨架""结构"等意思的词语。

程序世界中的框架，是指在框架一侧提供多个应用程序共同的处理，通过改写其中一部分来创建应用程序。例如Unity这个框架提供游戏开发所需的图形、声音、物理框架等功能。通过使用框架，可以集中精力制作想要在应用程序中实现的功能，而不是共同的部分。

▶ 利用框架只创建必要的功能

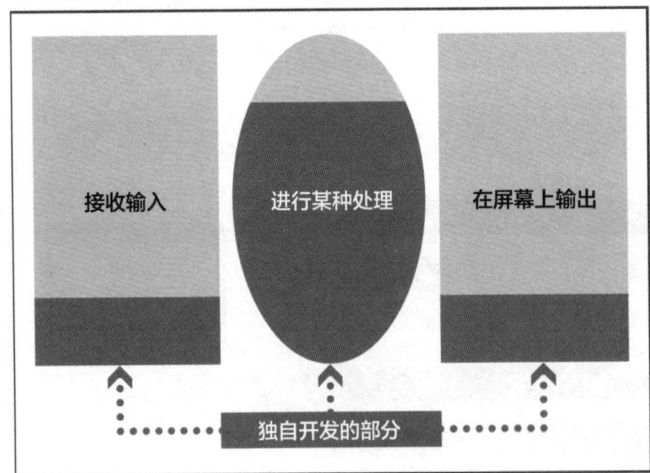

接收输入　　进行某种处理　　在屏幕上输出

独自开发的部分

框架

利用框架可以有效地制作应用程序。

什么是Web应用框架?

Web应用框架（以后称为Web框架）顾名思义就是用于创建Web应用的框架。

作为框架提供了制作Web应用所需的、下表列举的部分或全部功能。关于各种功能的详细内容，请一边制作程序一边学习吧。

▶ Web框架提供的主要功能

功能	含义
路由	当用户访问特定的URL时，调用相应的程序
模板	在Web页面（HTML）中插入值并重写
访问数据库	在数据库中保存或获取数据
安全功能	防止非法访问

 ## Python中的Web框架

Python中有几个Web应用框架。下面介绍一些具有代表性的框架，它们的特征和功能各不相同，但都是开放的，可以免费使用。本书使用Bottle（瓶子）构建Web应用程序，对于初次使用的人比较方便。

▶ Python的主要Web框架

功能	特征	URL
Django	以快速开发为目的的高功能框架	https://www.djangoproject.com/
Pyramid	小巧、快速、可靠的框架，组合使用各种库	https://trypyramid.com/
Flask	简单的框架，扩展功能丰富	https://flask.palletsprojects.com/
Tornado	专门用于异步处理的框架	https://www.tornadoweb.org/
Bottle	简单的框架，框架程序由一个文件提供	https://bottlepy.org/

55 了解Web框架Bottle的特征

扫码看视频

学习要点

下面我们将使用Python中的Web框架Bottle制作Web应用程序。首先，需要确认Bottle的特征。由于其功能少，所以这是一个操作简单的框架。

什么是Bottle？

Bottle是Python制作的Web框架之一，以开放的方式进行开发。本书执笔时（2020年6月）的最新版本是0.12.18。虽然功能很少，但却是简单、轻量级的Web框架。虽然相关说明是英文，但也配备了教程和指南手册等文档。

▶ Bottle的Web网站

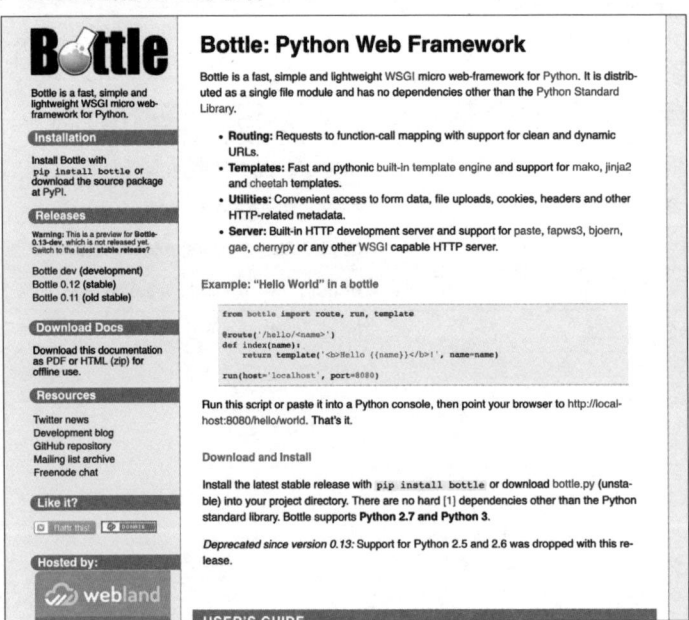

https://bottlepy.org/

⊙ Bottle的特征

Bottle是轻量级的Web框架，其Web框架的程序存储在一个文件中。因此，框架的结构变得容易把握，也成为了自己制作Web框架的教材。Bottle主要提供以下4个功能。

▶ Bottle提供的功能

名称	说明
路由	将用户请求的URL和程序对应的URL映射的机制
模板	在Web网页（HTML）中动态插入值的功能
实用程序	用于从请求或响应中获取和设置信息的使用程序功能
开发所用的服务器	开发所用的内置Web服务器

请与第54节中Web框架提供的功能表进行比较。

⊙ Bottle不提供的功能

由于Bottle是简单的Web框架，所以没有提供用于制作大规模Web应用的功能。例如，没有用户管理和数据库访问等功能。如果需要这些功能，请考虑导入用于功能扩展的库，或者使用Django的高效Web框架。

请与第54节中Web框架提供的功能表进行比较。

[安装和基本操作]

56 使用Bottle显示文字

扫码看视频

学习要点

下面开始使用Bottle创建Web应用程序。首先，安装Bottle，执行在Web浏览器上显示文字的简单程序，学习基本的使用方法。

→ Bottle的处理流程

开发Web应用程序需要Web浏览器和Web服务器。Web服务器虽然有专用的应用，但是在开发程序的时候构建专用的Web服务器环境是很麻烦的，所以Bottle准备了简单的开发所用的服务器。另外，Web浏览器为了连接Web服务器，需要指定主机名和端口号。主机名相当于Web服务器的地址，如果是自己的PC，则指定为localhost。端口号是与Web服务器通信的窗口号码。在开发时所用的服务器经常使用8080和8000这样的数值作为端口号。

从Web浏览器发送请求到得出结果的处理流程如下图所示。用户使用http://localhost:8080/hello这样的URL从Web浏览器中发送请求。在localhost:8080中启动Bottle开发所用的服务器，接收URL并将处理交给路由功能。如果路由功能判定URL为/hello，则执行相应的hello()函数接收结果，然后将收到的信息作为响应发送给用户。

▶ 基于Bottle的Web应用程序的工作流程

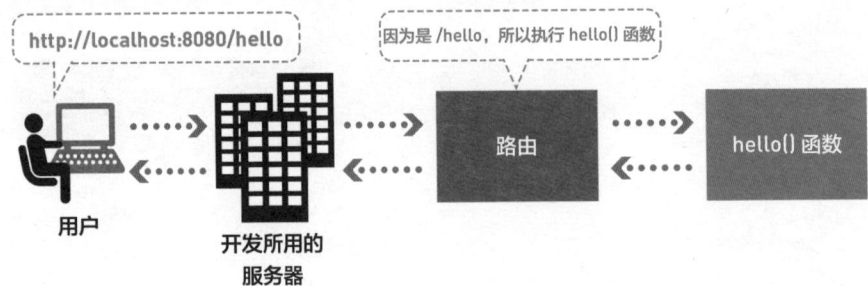

226

启用开发所用的服务器

启用Bottle开发所用的服务器可以使用run()函数。服务器在运行时可以指定主机名、端口号，主机在PC上运行时通常指定为localhost。

端口号（比如8080等）请指定与PC上运行的其他服务器程序不重叠的号码。建议在开发期间将调试输出设置为True。

▶ run()函数的写法

```
run(host='localhost',_port=8080,_debug=True)
```

run函数　　　主机　　　　　端口号　　　　是否进行调试输出

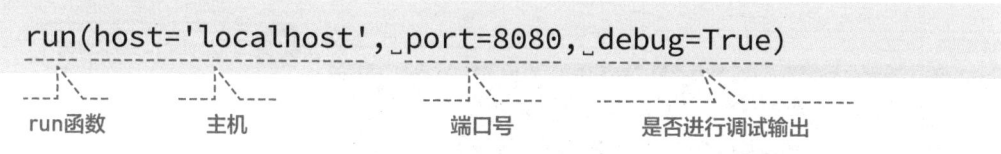

Web服务器也由Bottle负责，这样可以轻松进行开发中的动作测试。

路由

路由在访问特定的URL时，会执行程序的对应函数。在右侧@route装饰器中指定@route('/hello')，当Web浏览器上显示http://localhost:8080/hello时，执行与URL对应的hello()函数。

▶ @route装饰器的写法

@route装饰器　　　分类对象的URL

```
@route('/hello')
def_hello():
    在这里编写响应处理
```

与URL对应的函数

👍 **要点　为函数添加装饰器**

在路由的介绍中出现了@route这个不常见的记述方式。这种以@开头的记述被称为装饰器。它具有对函数等进行修饰（调试）的功能。装饰器是Web框架中经常使用的功能，在上面的例子中，为hello()函数添加了@route装饰器，增加了"/hello被调用时调用该函数"的功能。

● 使用Bottle显示Web页面

1 创建虚拟环境

为Web应用程序创建虚拟环境。首先创建一个名为pybotweb的文件夹❶，然后在文件夹中创建一个虚拟环境。使用python −m venv env创建虚拟环境❷，并使之有效化❸。

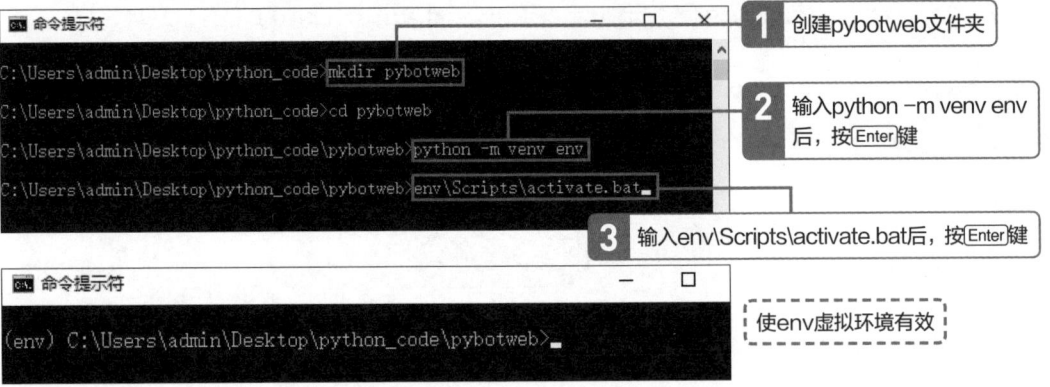

1 创建pybotweb文件夹

2 输入python −m venv env 后，按Enter键

3 输入env\Scripts\activate.bat后，按Enter键

使env虚拟环境有效

2 安装Bottle

下面在虚拟环境中安装Bottle。使用pip命令执行pip install bottle 安装所需的库❶。

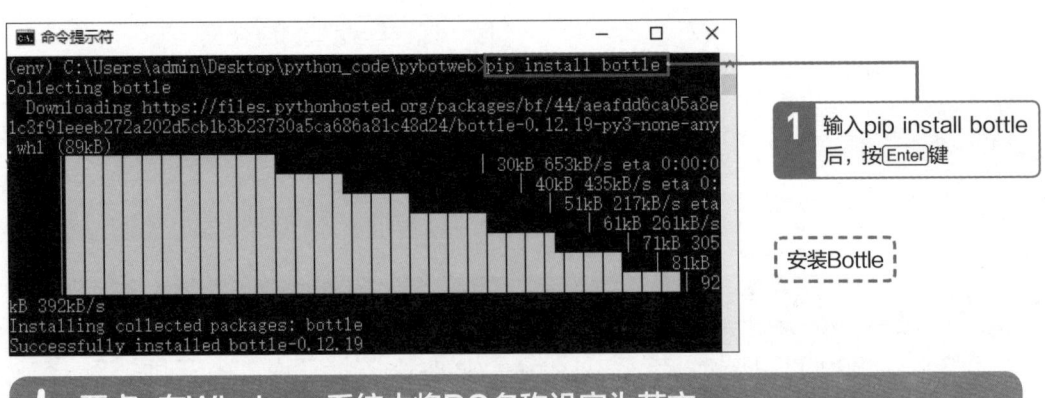

1 输入pip install bottle 后，按Enter键

安装Bottle

👍 要点 在Windows系统中将PC名称设定为英文

如果PC的名字被设定成了日语，在Bottle运行时会发生UnicodeDecodeError。这种情况下请把PC的名字改成半角英文和数字后再次运行。

3 编写程序 `pybotweb.py`

创建一个Web应用程序，返回字符串Hello World! 。在pybotweb文件夹内创建一个名为pybotweb.py的程序文件。首先导入所需模块❶。使用@route装饰器指定URL❷，访问该URL时，使用return语句返回Hello World! 这样的字符串，这样的内容称为响应❸。最后运行开发所用的服务器❹。

```
001  from bottle import route, run ──────────    1  导入模块
002
003  @route('/hello') ──────────────────────    2  指定URL
004  def hello():
005      return 'Hello World!' ───────────────   3  返回响应信息
006
007  run(host='localhost', port=8080, debug=True) ──   4  启用开发所用的服务器
```

4 启用开发所用的Web服务器

在命令提示符中运行python pybotweb.py❶，启动用于Bottle框架开发的Web服务器，如下所示。打开Web浏览器，输入http:// localhost:8080/hello。如果在浏览器中显示Hello World! ，则表示成功❷。

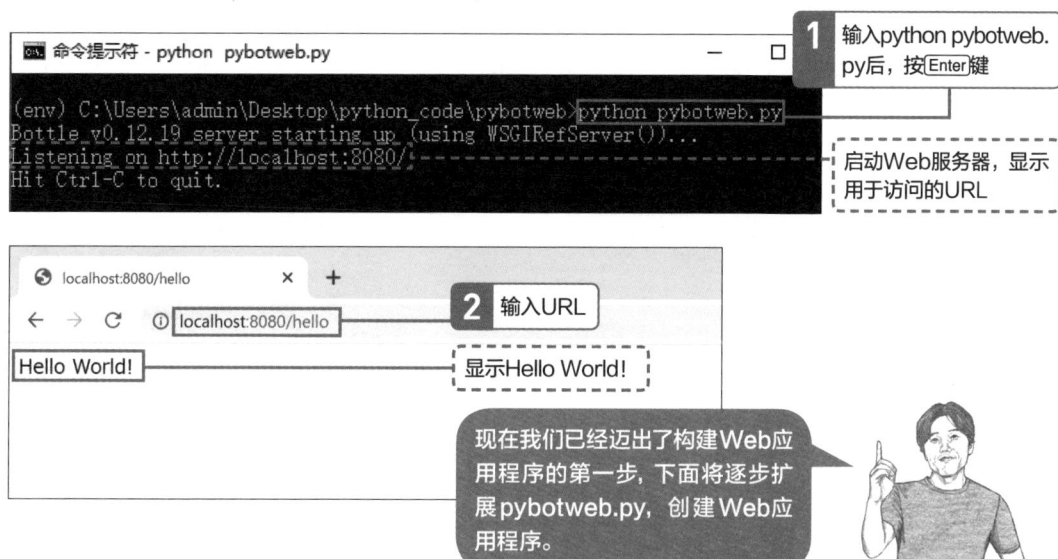

1 输入python pybotweb.py后，按Enter键

```
(env) C:\Users\admin\Desktop\python_code\pybotweb>python pybotweb.py
Bottle v0.12.19 server starting up (using WSGIRefServer())...
Listening on http://localhost:8080/
Hit Ctrl-C to quit.
```

启动Web服务器，显示用于访问的URL

2 输入URL

localhost:8080/hello

Hello World! ──── 显示Hello World!

现在我们已经迈出了构建Web应用程序的第一步，下面将逐步扩展pybotweb.py，创建Web应用程序。

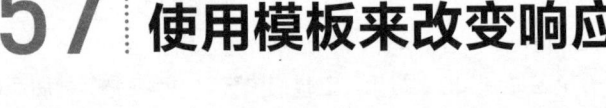

[模板]

57 | 使用模板来改变响应

扫码看视频

学习要点

> 如果只是返回固定的字符串，就与静态的Web站点没有什么区别。下面学习如何使用生成字符串的便利模板功能动态地返回响应。首先需要创建一个简单的Web应用程序，返回访问时的日期和时间。

➜ 什么是模板？

模板是Web框架在向浏览器返回响应时，通过程序动态地设定值的结构。使用Web浏览器访问购物网站时，你应该见过像"你好○○先生"这样显示自己名字的地方吧。这个名字的部分应该就是根据浏览网站的人不同而表示的。像这样动态地改写响应内容的结构就是模板。

▶ 模板的操作

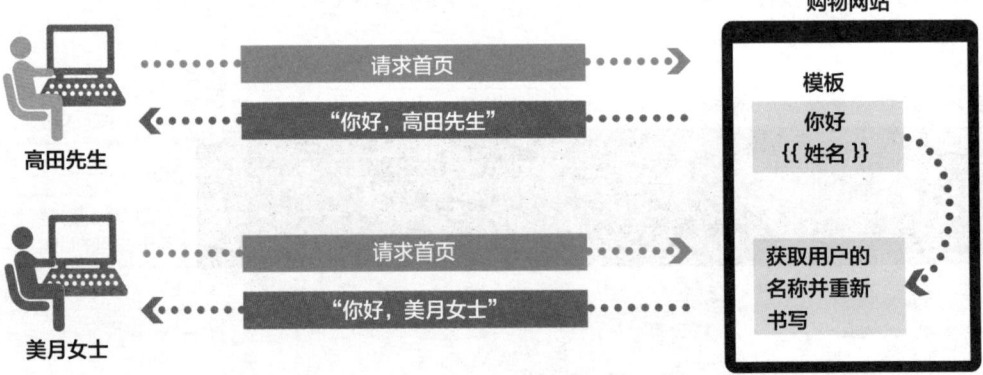

→ Bottle模板

在Bottle中，使用template()函数来实现模板。使用方法类似于字符串的f-string（参考第92页），如果模板字符串中含有{{○○}}包围起来的部分，则将其转换为名为○○参数指定的值。○○的部分可以使用任意的字符串。

执行下面程序的{{name}}部分，会输出name='△△'指定的名称字符串。在下面的模板使用示例中，将固定的字符串传递给name参数，但是在实际的Web站点中，会将每个访问的人名传递给name参数，并动态地返回响应。

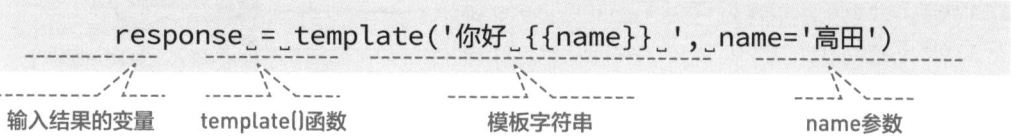

| 输入结果的变量 | template()函数 | 模板字符串 | name参数 |

▶ 模板的使用示例

```
from bottle import template

response = template('你好 {{name}} ', name='高田')
print(response)
response = template('你好 {{name}} ', name='美月')
print(response)
```

```
■ 命令提示符                                            —    □    ×

(env) C:\Users\admin\Desktop\python_code\pybotweb>python template-sample.py
你好 高田
你好 美月

(env) C:\Users\admin\Desktop\python_code\pybotweb>_
```

> 在模板字符串中插入一个名字

> 这个阶段模板看起来和f-string差不多。在下一节中，我将介绍模板更便利的使用方法。

◯ 使用模板显示动态页面

1 使用import语句导入template()函数 `pybotweb.py`

在第56节的基础上继续编辑pybotweb.py 程序文件。为了使用template()函数，需要使用 import语句添加template❶。另外，为了动态地 输出日期和时间，还需要导入datetime模块❷。

```
001  from bottle import route, run, template ———————  1  导入函数
002  from datetime import datetime ———————  2  导入datetime模块
```

2 使用template()函数动态地生成响应

使用template()函数动态地生成响应。这里 使用datetime.now()获取当前的时间，并替换模 板的{{now}}部分❶。

```
001  from bottle import route, run, template
002  from datetime import datetime
003
004  @route('/hello')
005  def hello():
006      now = datetime.now()
007      return template('Hello World! {{now}}', now=now)    1  使用template()函数
008
009  run(host='localhost', port=8080, debug=True)
```

3 启动开发所用服务器

在命令提示符中运行python pybotweb.py启动Web服务器❶。打开Web浏览器，输入http://localhost:8080/hello的URL。如果操作正确的话，显示的Hello World!字符串后面应该会出现当前的日期和时间。使用Web浏览器重新读取Web页面，日期和时间也会变化，可以确认是动态地生成了Web页面。另外，可以使用Ctrl+C组合键停止Web服务器。

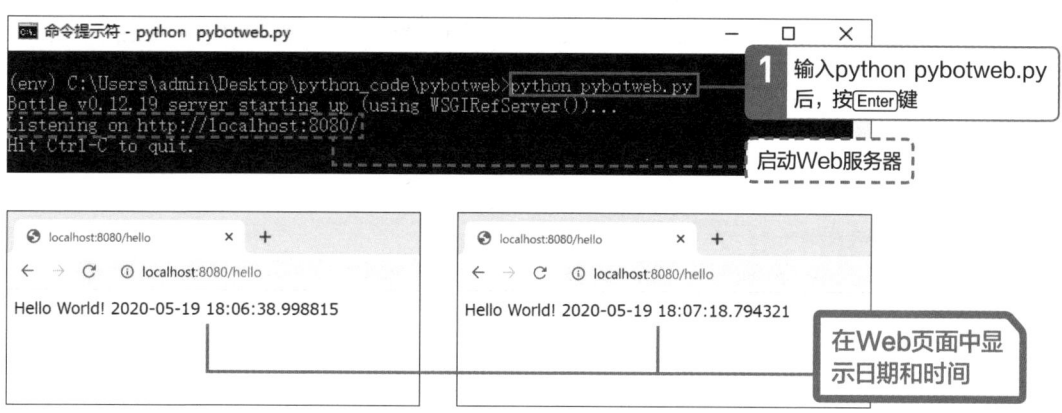

👆 **要点** **Python的用途在哪里?**

互联网上有使用Python制作的Web服务吗？下面从2020年5月至今公开的信息中介绍具有代表性的使用Python制作的Web服务。

除此之外，Python还被用于管理在线游戏通信的Web服务器、在线支付服务和Firefox的Sync功能的后台等方面。

▶ **使用Python制作的Web服务**

名称	URL	内容
Instagram	https://www.instagram.com/	分享照片的SNS
Pinterest	https://www.pinterest.jp/	图片共享服务
Reddit	https://www.reddit.com/	英语圈有名的新闻社交服务
PyPI	https://pypi.org/	第三方库共享服务
PyQ	https://pyq.jp/	Python在线学习服务

58 使用模板在HTML中添加动态值

扫码看视频

学习要点

> 即使使用模板，如果只是单纯地返回字符串，也不能称之为Web应用。如果使用HTML，就可以得到丰富的表达方式。在这里，我们将学习如何使用模板在HTML中动态地设置诸如用户名之类的值。

➔ 什么是HTML？

　　HTML（HyperText Markup Language）是一种用来描述Web页面的标记语言。Web浏览器可以解释HTML并显示网页。通过适当的记述HTML，可以在Web浏览器上显示图片、列表项目和链接到其他Web网页等。即使是模板也可以利用HTML显示除文字以外的信息。

▶ Web浏览器可以解释和显示HTML

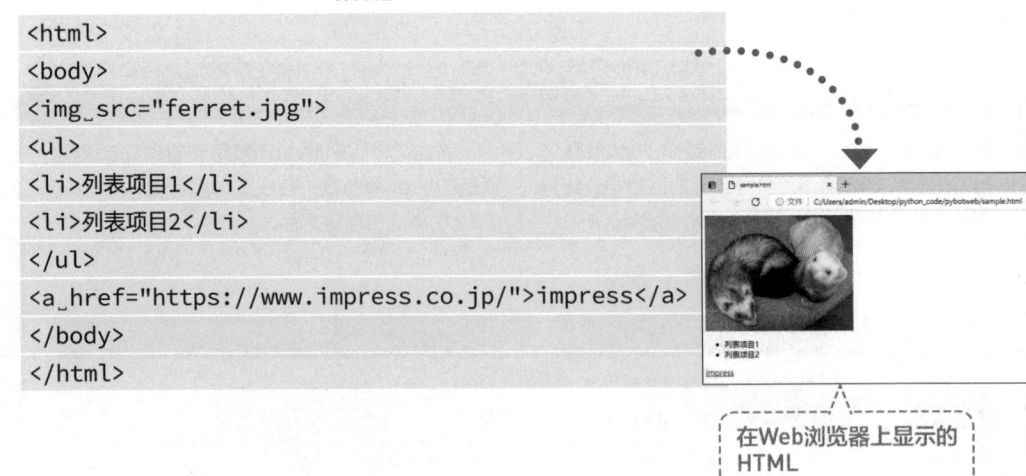

HTML

```html
<html>
<body>
<img_src="ferret.jpg">
<ul>
<li>列表项目1</li>
<li>列表项目2</li>
</ul>
<a_href="https://www.impress.co.jp/">impress</a>
</body>
</html>
```

在Web浏览器上显示的HTML

第9章　创建Web应用程序

➔ HTML的记述方式

HTML通过HTML标签标记图片、链接、标题、列表等。HTML标签通常是在<>中间填充字母和数字，比如<ul>。除了本书中使用的HTML标签，还有很多其他的种类。关于HTML的相关内容，由于超出了本书的范围，所以这里只进行简单的介绍，不过大家可以参考其他相关书籍和网站。

▶ HTML的示例

```
<html>·············表示HTML开始的标签
<body>············表示正文开始的标签
<ul>··············表示无序列表开始的标签
<li>列表项目1</li>···逐条显示字符串的标签
<li>列表项目2</li>
</ul>·············表示无序列表结束的标签
</body>···········表示正文结束的标签
</html>···········表示HTML结束的标签
```

本书只使用了简洁的HTML，如果想了解更多有关HTML的知识，请参考其他书籍或网站。

➔ 在Python程序中直接嵌入HTML很难读懂

在template()函数的模板字符串中写入HTML，可以通过HTML返回响应。但是，如果指定HTML的话，字符串会变得很长，所以不建议直接将HTML写入程序里。下面是简单的逐条显示字符串的HTML示例，仅仅是这样的表达就让HTML字符串变得很长，程序也会变得难以理解。

▶ 在template()函数中指定HTML字符串的示例

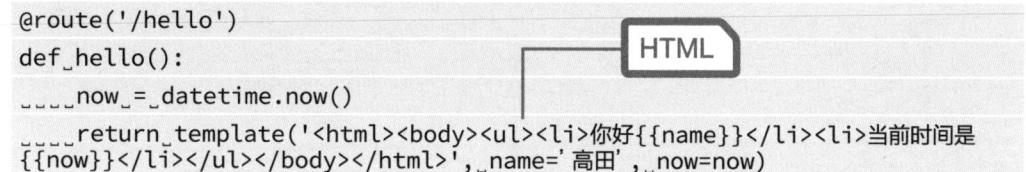

```
@route('/hello')
def hello():
    now = datetime.now()
    return template('<html><body><ul><li>你好{{name}}</li><li>当前时间是
{{now}}</li></ul></body></html>', name='高田', now=now)
```

HTML

➔ 将模板放入另一个文件中

template()函数可以从其他文件中读取模板的字符串。该函数的参数可以指定模板文件名。

按照下面的方式指定，views文件夹中hello_template.tpl文件的内容将会被作为模板字符串。

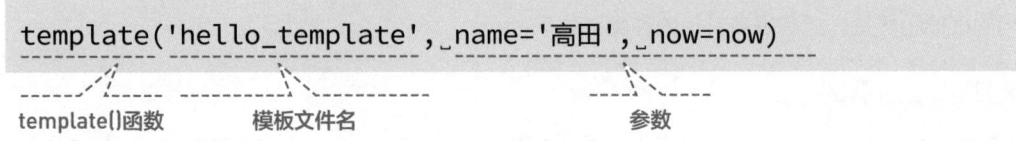

```
template('hello_template', _name='高田', _now=now)
```

template()函数　　模板文件名　　　　　　　　　参数

▶ hello_template.tpl模板文件

```
<html>
<body>
<ul>
<li>你好{{name}}</li>
<li>当前时间是{{now}}</li>
</ul>
</body>
</html>
```

▶ 读取模板文件

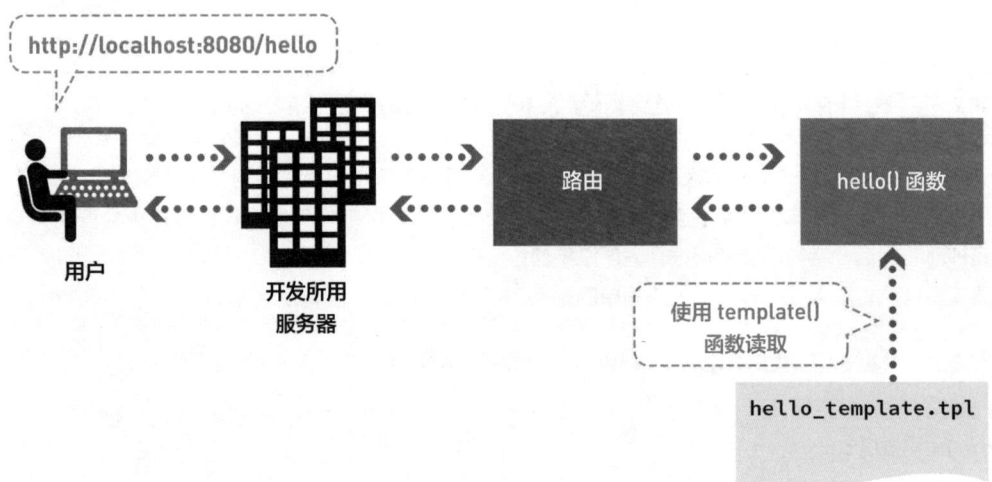

http://localhost:8080/hello

用户

开发所用服务器

路由

hello() 函数

使用 template()
函数读取

hello_template.tpl

⊙ 模板函数的区分

你注意到template()函数的第一个参数可以指定模板字符串或模板文件名了吗？template()函数如果包含表示模板的字符，则视为指定了模板字符串。反之，如果不包含这样的字符，则视为指定了模板文件而进行操作。

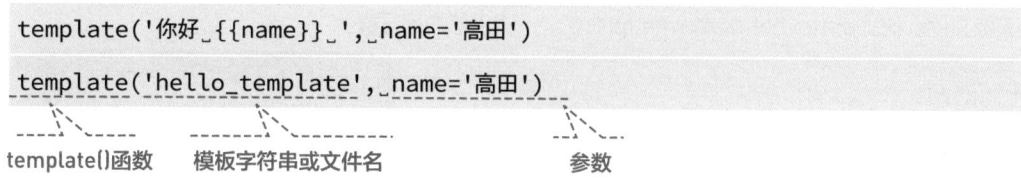

```
template('你好_{{name}}_',_name='高田')
```

```
template('hello_template',_name='高田')
```

template()函数　　模板字符串或文件名　　参数

⊙ 准备模板文件

在views文件夹中创建模板文件，并为其添加.tpl的扩展名。文件的内容不一定是HTML，也可以使用文本或JSON来描述。另外，模板不仅可以替换简单的变量，还可以通过for语句循环或通过if语句进行条件分支。详细内容请参考Bottle的相关文档。

https://bottlepy.org/docs/dev/stpl.html

▶ 模板文件的配置

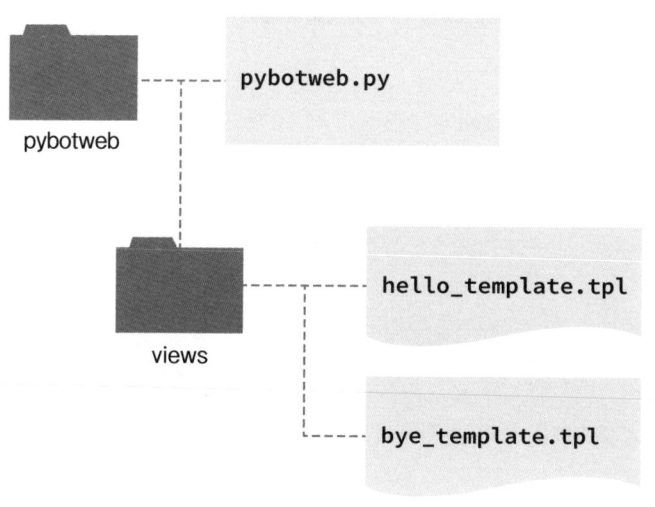

通过分割程序和模板，可以高效地制作 Web 应用程序。

创建模板文件并从程序中读取

1 制作模板文件 `views/pybot_template.tpl`

创建一个名为views的文件夹，并在其中新建一个模板文件。这里使用pybot_template.tpl命名

模板文件。在HTML中记述{{now}}的部分是动态输出值的地方❶。

```
001  <html>
002  <body>
003  <ul>
004  <li>Hello World!</li>
005  <li>当前时间是{{now}}</li>
006  </ul>
007  </body>
008  </html>
```

❶ 在这个部分输出值

> 显示的内容取决于HTML标签。你可以编辑模板文件，尝试各种各样的HTML标签。

2 读取模板文件 `pybotweb.py`

打开pybotweb.py程序文件，将pybot_template指定为template()函数的第一个参数，将

其更改为使用模板文件❶。

```
001  from bottle import route, run, template
002  from datetime import datetime
003
004  @route('/hello')
005  def hello():
006      now = datetime.now()
007      return template('pybot_template', now=now)
008
009  run(host='localhost', port=8080, debug=True)
```

❶ 指定模板文件

3 使用浏览器确认并显示

在命令提示符中运行python pybotweb.py 启动Web服务器❶。在Web浏览器中输入http://localhost:8080/hello地址确认并显示信息。从显

示结果可以看出，浏览器中分别显示了两个列表项目，即Hello World！字符串和当前时间。

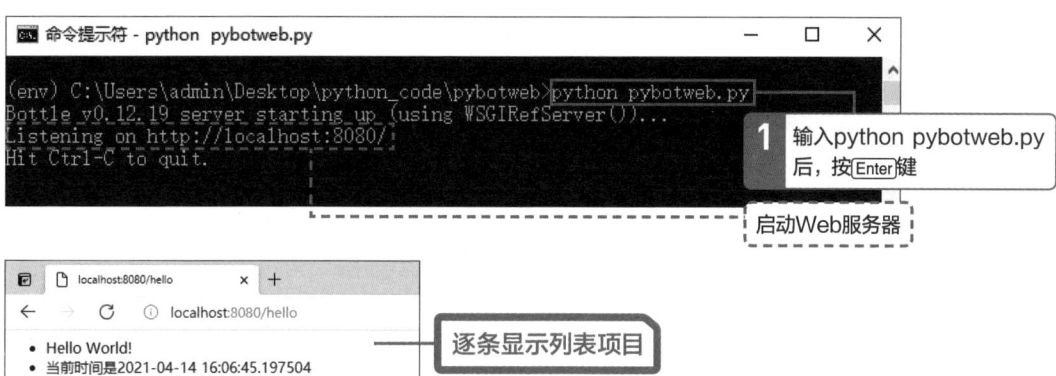

👍 要点 使页面更时尚的方法

一般情况下网站都是色彩丰富、设计精美。我们可以使用CSS（Cascading Style Sheets）来设计HTML。通过在\<style\>标签

中写入CSS，可以添加设计元素。关于CSS的写法，请参考其他书籍和网站。

```
<html><head><style>
ul_{
____background-color:_#f2feff;
____border:_solid_2px_#51d0a8;
____border-radius:_4px;
____padding:_36px;
____font-family:_sans-serif;
____font-size:_24px;
}
</style></head>
<body>
...
</html>
```

[表单]

59 接收用户输入的值

扫码看视频

学习要点

作为Web应用程序，想要与用户进行交互处理，就必须接收用户输入的信息。下面学习如何在HTML中输入信息。在这里，我们将会制作从表单接收数据并直接显示的程序。

第 9 章 创建 Web 应用程序

→ 接收用户输入的信息

在购物网站等指定商品发送地址时，我想大家都有过输入名字和地址后按下"发送"按钮的经历。那么输入的信息是如何传输到Web服务器的呢？

按下"发送"按钮时，输入的名字和地址等信息会和报告一起包含在请求中被发送出去，之后Web服务器会提取内容并进行处理。

▶ 将用户输入的信息通过Web服务器提取出来

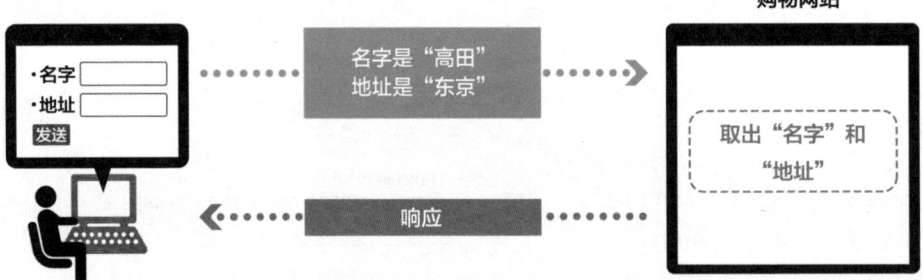

购物网站

名字是"高田"
地址是"东京"

取出"名字"和
"地址"

响应

通过Web服务器接收用户输入的信息，并返回与该值对应的响应，实现交互式Web应用。

➔ 使用HTML制作表单

在HTML中创建输入表单时，可以使用form标签和input标签等。它们可以实现表单的制作和发送地址的指定，以及输入字段的显示等。input标签通过指定类型，除了文本的输入框之外，还可以显示单选按钮、复选框、发送按钮等。

▶ 主要输入用的标签

名称	用途
<form>	包围整个输入窗体。指定发送方法（method）和发送目的地（action）
<input>	显示文本的输入框、单选按钮、复选框、发送按钮等

▶ 表单的HTML示例

```
<form_method="post"_action="/hello">······为action的部分指定URL
<input_type="text"_name="input_text">····显示文本的输入框
<input_type="submit"_value="发送">········显示"发送"按钮
</form>
```

➔ 发送数据的方法有GET和POST两种

将输入到表单中的数据发送到Web服务器的方法大致分为GET和POST两种。无论是哪种方法，Web服务器都可以接收输入的值，但是如果要发送的数据很多，则一般使用POST。GET是通常在请求Web页面的时候会使用的发送方式，使用时在表单的发送中需要在URL的末尾加入表单中输入的值。

▶ GET和POST的请求

请求的标头
```
GET /hello?input_text=发送数据
HTTP/1.1
Host: localhost:8080
```

请求的主体

```
POST /hello HTTP/1.1

Host: localhost:8080

input_text=发送数据
```

发送数据的位置改变

➔ 提取Bottle中输入的值

使用request对象接收Bottle在POST上发送的数据。request对象包含与请求有关的各种信息，输入表单中的发送信息可以从request.forms中提取。

▶ request.forms中含有的表单信息

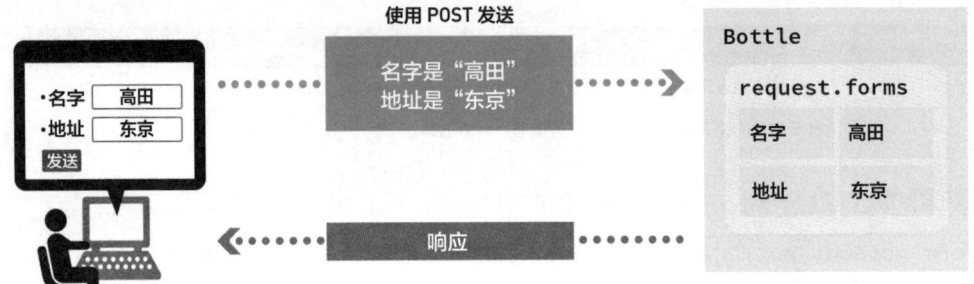

👍 要点 HTTP是什么？

使用Web浏览器访问网站时，会输入以http://开头的URL。这个http是什么呢？HTTP（Hypertext Transfer Protocol）是通过交换HTML来显示网站的规则（称为协议）。目前为止，出现了"请求""响应""GET""POST"等词语，这也是HTTP的协议。Web浏览器和Web服务器根据HTTP进行通信，显示了Web网站。

HTTP的内容是简单的字符串。在Web浏览器中输入http://localhost:8080/hello后，以下内容将会被发送到Web服务器。Web服务器(Botte)会解析这个字符串，并调用与URL相对应的函数，返回HTTP响应。HTTP响应也同样是字符串。如果想了解更详细的HTTP知识，请参考其他书籍和网站。

▶ HTTP的请求示例

```
GET_/hello_HTTP/1.1
Host:_localhost:8080
```

⚪ 显示输入表单的信息

1 制作输入表单 `views/pybot_template.tpl`

重新编写模板文件，制作表单。下面使用form标签制作表单。在数据的发送方法中指定POST，在发送目的地中指定/hello❶。然后使用input标签创建文本输入框用于输入字符串。将type属性的值指定为text表示输入的字段是文本，input_text表示发送数据时的参数名❷。使用input标签创建一个发送按钮。type属性的值指定为submit就会变成发送按钮❸。在表单下面准备好需要显示并发送的文本{{text}}❹。

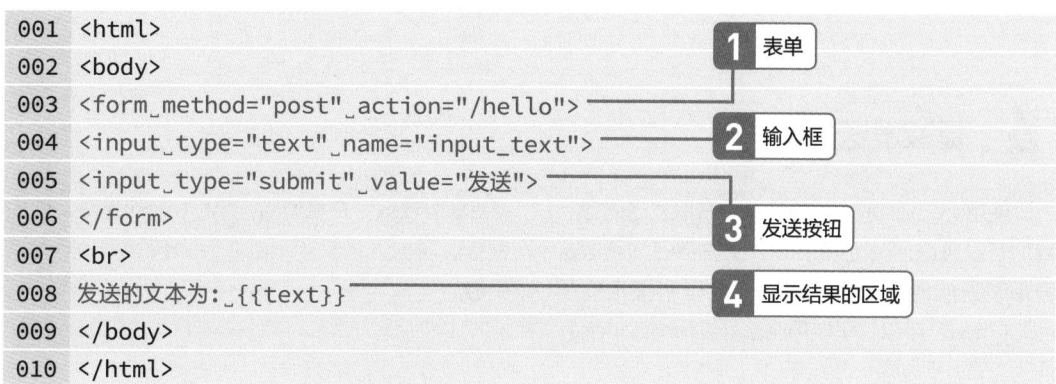

```
001  <html>
002  <body>                                        1  表单
003  <form_method="post"_action="/hello">
004  <input_type="text"_name="input_text">         2  输入框
005  <input_type="submit"_value="发送">
006  </form>                                        3  发送按钮
007  <br>
008  发送的文本为:_{{text}}                          4  显示结果的区域
009  </body>
010  </html>
```

2 读取模板文件 `pybotweb.py`

在import语句中添加request，以获取输入到表单中请求传递的值❶。hello()的内容和之前一样读入模板，但是在初始状态下没有应该显示在text上的内容，所以传递空字符串❷。

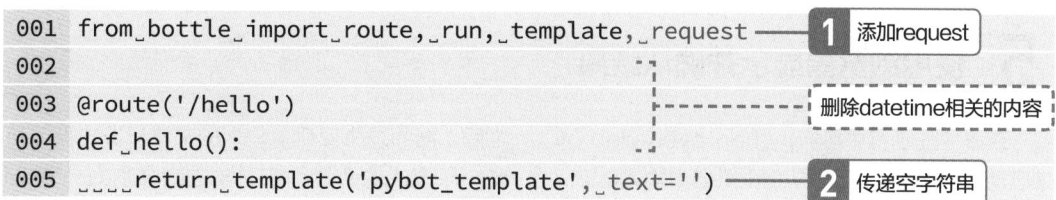

```
001  from_bottle_import_route,_run,_template,_request     1  添加request
002
003  @route('/hello')                                     删除datetime相关的内容
004  def_hello():
005  ____return_template('pybot_template',_text='')        2  传递空字符串
```

3 创建与POST对应的函数

下面我们创建一个函数，当数据在POST中被发送时运行。为do_hello()函数指定装饰器，在参数中写入method='POST'，在通过POST发送数据的情况下执行该函数❶。

```
004 @route('/hello')
005 def hello():
006 ____return template('pybot_template', text='')
007
008 @route('/hello', method='POST')          1 添加POST
009 def do_hello():
```

4 提取发送的值

使用do_hello()函数从表单中获取发送的值。我们可以通过"request.forms.参数名"获取从表单发送的值。因为在创建输入框时指定的是input_text，所以这里使用request.forms.input_text获取数据，并赋值给input_text变量❶。读取模板，将输入的文本input_text传递到text参数中❷。

```
008 @route('/hello', method='POST')
009 def do_hello():
010 ____input_text = request.forms.input_text      1 提取值
011 ____return template('pybot_template', text=input_text)
012                                                  2 传递值
013 run(host='localhost', port=8080, debug=True)
```

5 使用浏览器显示并确认结果

在命令提示符中运行python pybotweb.py来启动Web服务器。在Web浏览器中输入http://localhost:8080/hello确认显示画面。在输入框中输入"你好"等文字，然后单击"发送"按钮❶。

之后，画面发生变化，输入的文本被发送到服务器，获取的值会显示在"发送的文本为："的部分❷。

第 9 章 创建 Web 应用程序

小贴士　Web应用的GET和POST操作的区别

下面介绍一下这一节中Web应用程序是如何工作的。在Web浏览器中输入http://localhost:8080/hello后，操作如左下图所示。在文本框中输入"你好"，

然后单击"发送"按钮，就会像右下图那样进行操作。像这样，分别使用GET和POST在Web浏览器中显示表单的值。

▶ 初次打开时

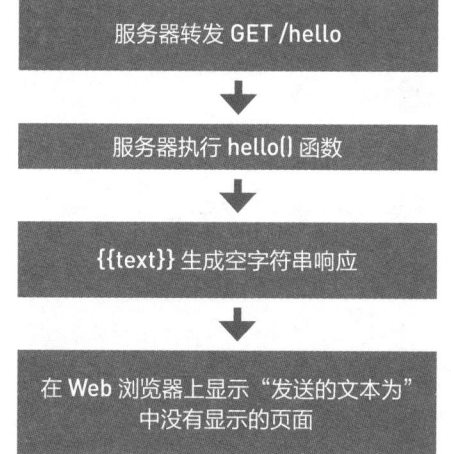

▶ 从表单接收时

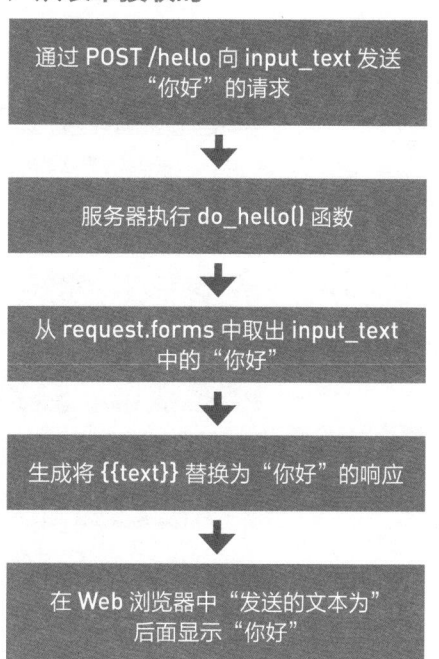

60

[合并bot]

使pybot在Web应用
程序中运行

学习要点

> 目前为止，我们已经可以在Web应用程序中输入字符串并接收了。pybot在标准输入中接收字符串，在标准输出中显示字符串。下面将pybot功能嵌入到Web应用程序中。

➜ 创建Web应用程序pybot

　　在第8章之前制作的pybot，可以在命令提示符中输入字符串并执行。另外，在此之前Web应用程序可以输入输出字符串。通过把这两者连接起来，可以将pybot变成一个Web应用程序。

▶ pybot Web应用程序的执行示意图

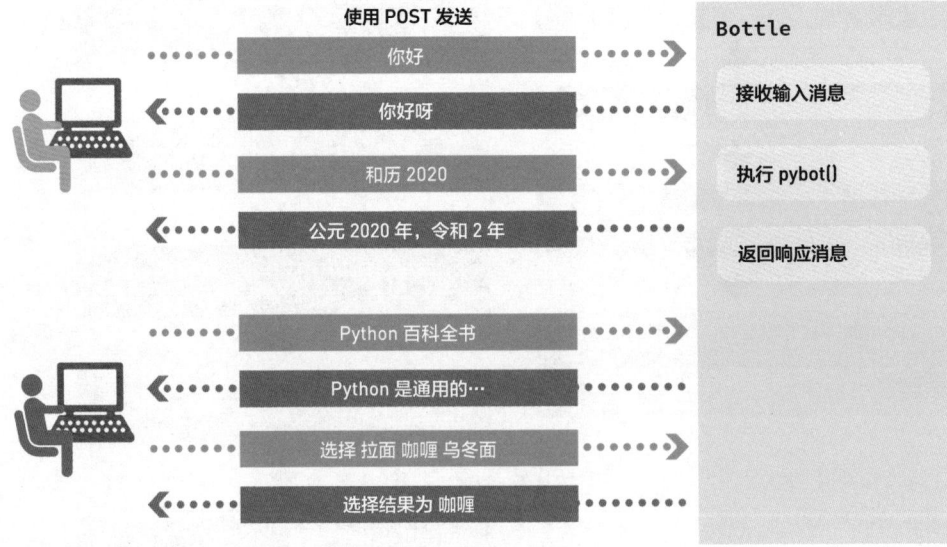

将pybot变成Web应用程序

1 改良文本输入框 `views/pybot_template.tpl`

重新编写模板文件，改良文本输入框。使用 h1标题标签显示Web应用程序的名称❶。由于 pybot会对输入的信息返回响应消息，所以页面 中将会显示两个消息❷❸。

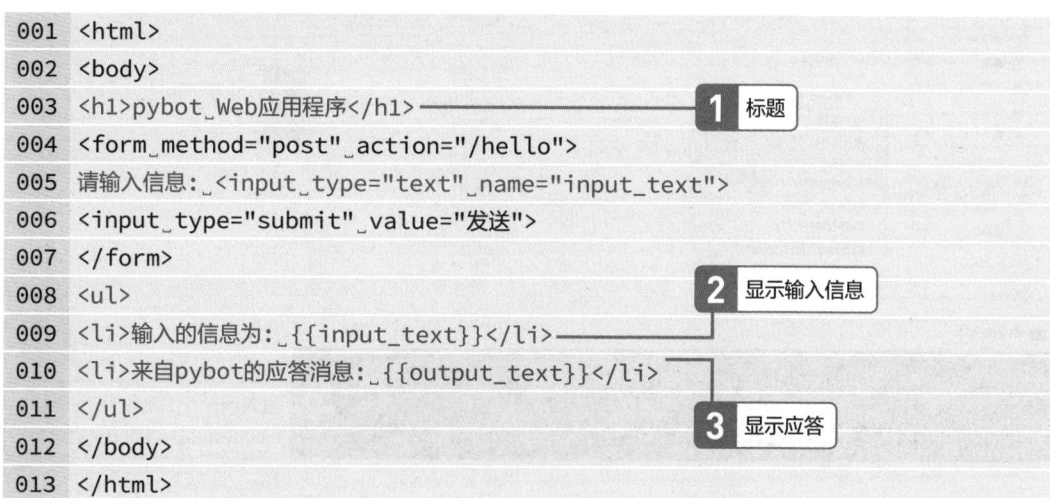

```
001  <html>
002  <body>
003  <h1>pybot_Web应用程序</h1>————————————— 1 标题
004  <form_method="post"_action="/hello">
005  请输入信息:_<input_type="text"_name="input_text">
006  <input_type="submit"_value="发送">
007  </form>
008  <ul>                                        2 显示输入信息
009  <li>输入的信息为:_{{input_text}}</li>——————
010  <li>来自pybot的应答消息:_{{output_text}}</li>
011  </ul>
012  </body>                                      3 显示应答
013  </html>
```

▶ 制作完成的HTML结果

完成程序后就会呈现出这样的结果

在命令提示符中的对话就是Web应用程序。

2 | 复制pybot的相关文件

将第8章之前制作好的pybot相关文件全部复制到pybotweb文件夹中❶。然后使用pip命令在pybotweb的虚拟环境中安装requests和wikipedia❷。

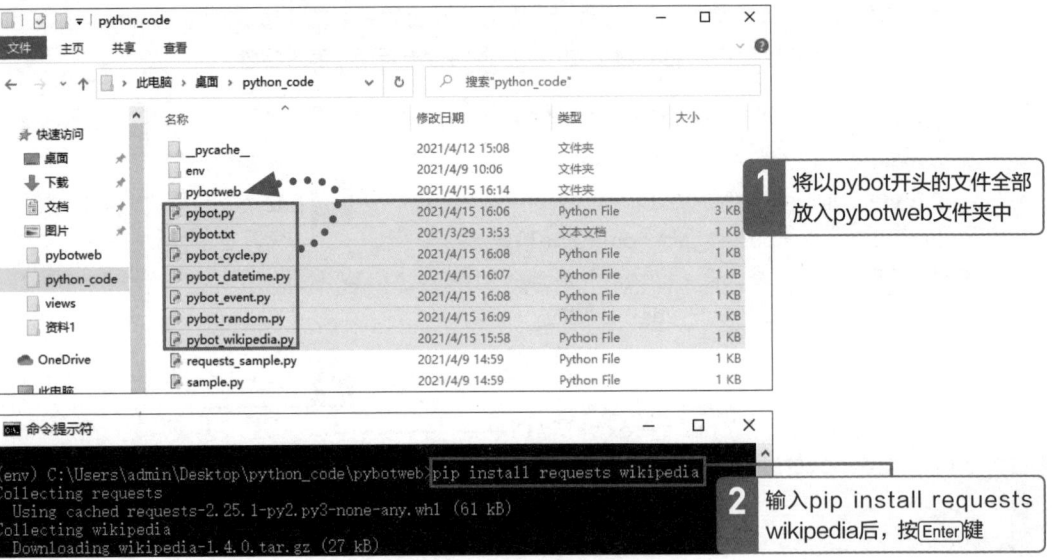

1 将以pybot开头的文件全部放入pybotweb文件夹中

```
(env) C:\Users\admin\Desktop\python_code\pybotweb>pip install requests wikipedia
Collecting requests
  Using cached requests-2.25.1-py2.py3-none-any.whl (61 kB)
Collecting wikipedia
  Downloading wikipedia-1.4.0.tar.gz (27 kB)
```

2 输入pip install requests wikipedia后，按Enter键

3 | 将pybot设为函数 `pybot.py`

到目前为止，pybot在while循环中反复进行处理，但是在Web应用程序中，只需要对输入消息进行回复就OK了。因此，我们将其转换成pybot()函数，它接收命令（消息），生成响应并返回❶❷❸❹。

```
038  response_=_word_list[1]
039  bot_dict[key]_=_response
040
041  def_pybot(command):
042  ____#_command_=_input('pybot>_')
043  ____response_=_''
044  ____try:
045  _____for_message_in_bot_dict:
046  _____if_message_in_command:
```

1 将while语句改为pybot()函数

2 将input()函数作为注释

```
047 _____response_=_bot_dict[message]
048 _____break
049
050 _____if_'和历'_in_command:
     ……中略……
068 _____if_'百科全书'_in_command:
069 _____response_=_wikipedia_command(command)
070
071 _____if_not_response:
072 _____response_=_'我不知道你在说什么'
073 _____return_response ——————————— 3 使用return语句返回结果
074
075 _____#_if_'再见'_in_command: ——— 4 将脱离循环的处理作为
076 _____#____break                    注释
077 ____except_Exception_as_e:
078 _____print('发生了意想不到的错误')
079 _____print('*_种类:',_type(e))
080 _____print('*_内容:',_e)
```

4 调用pybot()函数 `pybotweb.py`

打开pybotweb.py程序文件，添加import语句来使用pybot()函数❶。修改template函数的参数，因为模板需要两个值。hello()函数的内容像之前一样读入模板，但是在初始状态下没有传递任何text参数，所以传递一个空字符串❷。使用do_hello()函数将收到的字符串传递给pybot()函数以获取结果❸。

```
001 from_bottle_import_route,_run,_template,_request
002 from_pybot_import_pybot ——————————————— 1 导入
003
004 @route('/hello')
005 def_hello():
006 ____return_template('pybot_template',_input_text='',_output_text='')
007
                                          2 传递空字符
008 @route('/hello',_method='POST')
009 def_do_hello():
010 ____input_text_=_request.forms.input_text
011 ____output_text_=_pybot(input_text) ——— 3 执行pybot()函数
```

```
012    ░░░░return_template('pybot_template',░input_text=input_text,░output_
       text=output_text)
013
014    run(host='localhost',░port=8080,░debug=True)
```

5 在浏览器上运行pybot Web应用程序

在命令提示符中运行python pybotweb.py 来启动Web服务器。在Web浏览器中输入http:// localhost:8080/hello，会显示pybot Web应用 程序的初始画面。输入"你好"，并单击"发送" 按钮，pybot就会有对应的回应❶。

显示输入和响应的内容

6 执行其他命令

同样，我们还可以执行到现在为止制作的各 种命令。请试着执行各种各样的命令，确认输入 和响应。

根据命令改变响应

pybot变成了一个Web应用程序。如果把 Web服务器公开到可以通过互联网访问的 地方，全世界的人都可以使用pybot。

第10章

了解掌握知识的学习方法

到第9章为止，介绍的是使用Python进行编程的基础。为了进一步学习并使用Python，本章将介绍与Python有关的书籍、网站和社区等。

61 了解学习Python的网站

扫码看视频

学习要点

为了熟练使用**Python**，我们需要查询各种各样的网站。在此将按照类别介绍主要的内容。好好利用网络上的资源，学习**Python**的知识并加深理解吧。

➔ Web上的文档

在Python的官方网站上有一些被翻译成中文的相关文档（https://docs.python.org/zh-cn/3/）。这些Web文档中包含了Python的基本使用方法和丰富的标准库的使用方法。当我们有不理解的地方时，可以参考这些文档。

▶ 公开Python文档的网站

网站	URL	内容
Python教程	https://docs.python.org/zh-cn/3/tutorial/	对Python的功能进行了全面介绍的文档，其他书籍没有涉及的内容也涵盖其中
Python标准库	https://docs.python.org/zh-cn/3/library/	包含了便利的Python标准库和相关的用法介绍
Python常用指引	https://docs.python.org/zh-cn/3/howto/	详细介绍了日志的输出、正则表达式等特定功能的使用方法
Dive Into Python 3	https://diveintopython3.net/	面向有编程经验的入门书

各种网站上的信息一应俱全。大家可以随意搜索，好好利用这些资源吧。

Q&A网站

关于程序有不明白的地方，可以利用Q&A网站。为了得到好的回应，大家有必要恰当地提问。我们可以总结不明白的地方，巧妙地提问并灵活运用。

因为之前可能有人问过类似或相同的问题，所以这里推荐使用Q&A网站的搜索功能。

▶ 关于程序的Q&A网站

网站名	URL
Stack Overflow	https://ja.stackoverflow.com/
teratail	https://teratail.com/

编程学习网站

在一些编程学习网站上，会有公开的提问。我们可以通过程序对提问进行解答，以此来推进学习。

▶ 学习编程的网站

网站	URL	内容
Paiza	https://paiza.jp/	可以一边学习编程，一边根据自己的技能换工作的网站
PyQ	https://pyq.jp/	专门针对Python的在线学习服务，只有使用Web浏览器可以学习
ProjectEuler	https://projecteuler.net/	用程序解答数学题的网站
CheckIO	https://checkio.org/	像攻略游戏一样学习程序的网站

👍 要点 了解程序运行的Python Tutor

Python Tutor是一个可以直观确认Python程序运行的网站。变量的内容、if语句的分支、for语句的循环处理流程等都能一目了然地显示出来。

右侧的画面是第4章中输出BMI的程序示例。其中包含了体重列表、身高、BMI值和判定结果。

▶ Python Tutor的画面示例

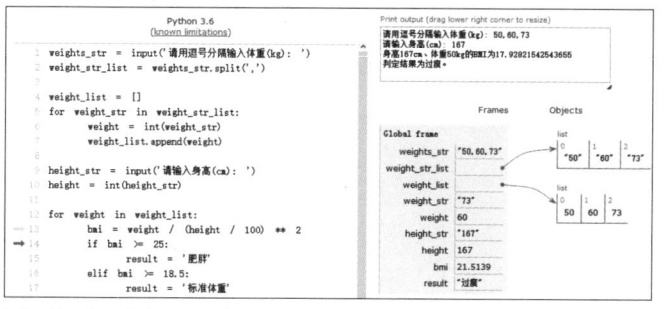

http://pythontutor.com/

[书籍与社区]

62 阅读书籍，加入社区

学习要点

这里推荐大家将书籍作为学习Python的重要信息来源。另外，通过认识了解Python的人，可以更快地获取信息。大家也一定要参加社区活动。

→ Python相关书籍

目前，市面上已经出版了很多有关Python的书籍。这里介绍的不是入门书，而是更高一级的书籍，以及与特定领域相关的书籍。

标题	内容
Python指南教程第3版	与Python官方文档中公开的指南课程内容相同的书籍
最简单的Python机器学习教程	作为本书的续篇，可以学习机器学习的实践基础。学习数据收集、预处理、预测、评价和机器学习的全貌
Python专业编程第3版	收集、使用Python在团队中工作的开发方法、评论、测试、技巧的书籍
使工作进展顺利的Python自动处理	通过使用Python的图像加工、CSV文件、Excel文件操作、Web筛选等的样本代码，讲解日常业务自动化的技巧
Python克隆	介绍如何利用Python从网站获取数据的书籍
Python实践入门	介绍编程语言Python功能的实际使用方法的书籍。包括从基本语法到句型提示、名称空间、特殊方法、包管理等广泛的话题解说
面向Python用户的Jupyter	以数据分析必备的工具Jupyter Notebook为中心，介绍了使用pandas加工数据，使用Matplotlib制作图表的书籍

Python的书籍已经出版了很多，请好好寻找适合自己的书籍。

第 **10** 章 了解掌握知识的学习方法

(→) 加入社区

　　Python是开源开发，以社区为基础运营的。因此，新的信息和技术也会以社区为中心进行传播。通过参加社区活动与他人建立联系，可以增加获取信息的渠道。

　　与Python相关的社区有很多。参加各种社区组织的活动，认识更多的人，比当场获取知识更好。

　　下表中Python相关社区的主要活动场所是东京，也可以通过Slack、Discord等聊天工具进行交流。无论如何，请远方的人也试着通过聊天加入社区吧。

▶ Python的相关社区

名称	URL	内容
PyCon JP	https://pycon.jp/	每年举办一次名为PyCon JP的大型会议
Python mini Hack-a-thon	https://pyhack.connpass.com/	聚集在一起默默开发的社区
PyLadies Tokyo	https://pyladiestokyo.github.io/	女性Python社区
Python.jp	https://www.python.jp/	发布日本的Python信息,也有Discord聊天

(→) Python Boot Camp（面向初学者的Python指南课程）

　　有些人找不到Python伙伴，因为他们居住的地方没有Python社区。在这里向你推荐Python Boot Camp，这是一个为初学者提供指南课程的活动。当在你附近举办活动的时候，你可以参加，寻找Python伙伴。另外，举办是按照候选当地工作人员的顺序进行的。因为活动运营不需要Python的知识，所以我等着你主动作为当地的工作人员。

https://www.pycon.jp/support/bootcamp.html

加入社区，结识更多的朋友，这将有助于你更好地掌握Python。